ノンパラメトリックベイズ

点過程と統計的機械学習の数理

Bayesian
Nonparametrics

佐藤一誠

講談社

■ 編者

杉山　将 博士(工学)

理化学研究所 革新知能統合研究センター センター長
東京大学大学院新領域創成科学研究科 教授

■ シリーズの刊行にあたって

　インターネットや多種多様なセンサーから，大量のデータを容易に入手できる「ビッグデータ」の時代がやって来ました．現在，ビッグデータから新たな価値を創造するための取り組みが世界的に行われており，日本でも産学官が連携した研究開発体制が構築されつつあります．

　ビッグデータの解析には，データの背後に潜む規則や知識を見つけ出す「機械学習」とよばれる知的データ処理技術が重要な働きをします．機械学習の技術は，近年のコンピュータの飛躍的な性能向上と相まって，目覚ましい速さで発展しています．そして，最先端の機械学習技術は，音声，画像，自然言語，ロボットなどの工学分野で大きな成功を収めるとともに，生物学，脳科学，医学，天文学などの基礎科学分野でも不可欠になりつつあります．

　しかし，機械学習の最先端のアルゴリズムは，統計学，確率論，最適化理論，アルゴリズム論などの高度な数学を駆使して設計されているため，初学者が習得するのは極めて困難です．また，機械学習技術の応用分野は非常に多様なため，これらを俯瞰的な視点から学ぶことも難しいのが現状です．

　本シリーズでは，これからデータサイエンス分野で研究を行おうとしている大学生・大学院生，および，機械学習技術を基礎科学や産業に応用しようとしている大学院生・研究者・技術者を主な対象として，ビッグデータ時代を牽引している若手・中堅の現役研究者が，発展著しい機械学習技術の数学的な基礎理論，実用的なアルゴリズム，さらには，それらの活用法を，入門的な内容から最先端の研究成果までわかりやすく解説します．

　本シリーズが，読者の皆さんのデータサイエンスに対するより一層の興味を掻き立てるとともに，ビッグデータ時代を渡り歩いていくための技術獲得の一助となることを願います．

2014 年 11 月

「機械学習プロフェッショナルシリーズ」編者
杉山 将

■ まえがき

「古くて新しい技術」などという言葉に代表されるように，研究では，「温故知新」が重要であると考えられています．ノンパラメトリックベイズモデルもまたそのような「古くて新しい技術」の一つです．その起源は 1973 年の Ferguson[1] にさかのぼります．実は，1970 年代ですでに，ノンパラメトリックベイズモデルの理論はほぼ完成していたわけですが，30 年以上の時を経て，さまざまな応用分野において利用されるようになってきました．

このような背景には，以下の二つの理由あると考えています．

- 現象を表現するモデリングの柔軟性・幅広さ．
- 広大なモデルの空間を効率的に探索するアルゴリズムの発展．

ノンパラメトリックベイズモデルは，誤解をおそれずいえば「無限次元」空間での統計モデルといえます．統計モデルは，データの生成過程をより正確にモデリングすることが目標です．ノンパラメトリックベイズモデルでは，データを表現するモデル構造を「無限に」仮定することができるため，現象を表現するモデリングの柔軟さが高いのはいうまでもありません．しかし，データからモデルを学習する場合には，無限に拡がる広大なモデル空間からデータを適切に表現するモデルを探索する必要があります．2000 年代以降，マルコフ連鎖モンテカルロ法に代表される近似的な探索アルゴリズムの発展と飛躍的な計算機の演算速度向上により，今日ではノンパラメトリックベイズモデルを大規模なデータに対して適用できるようになりました．

図 1 に示すように，本書は 3 部構成によりノンパラメトリックベイズモデルに関する入門的な話題とその背後にある基礎理論について説明します．第 1 部では，確率・統計に関する基礎的な話題とベイズ推定の考え方について説明します．第 2 部では，ノンパラメトリックベイズモデルの入門とその応用について説明します．第 3 部では，理論的な背景である点過程との関係について説明します．第 1 部と第 2 部はノンパラメトリックベイズモデルを初めて学ぶという読者を対象とした内容になっており，第 3 部はノンパラメト

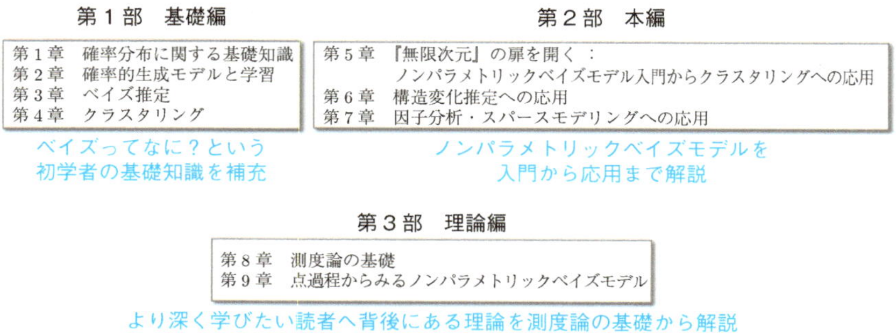

```
第 1 部　基礎編                          第 2 部　本編
┌─────────────────────────────┐  ┌─────────────────────────────────────────┐
│ 第 1 章　確率分布に関する基礎知識   │  │ 第 5 章　『無限次元』の扉を開く：            │
│ 第 2 章　確率的生成モデルと学習     │  │         ノンパラメトリックベイズモデル入門からクラスタリングへの応用 │
│ 第 3 章　ベイズ推定              │  │ 第 6 章　構造変化推定への応用                │
│ 第 4 章　クラスタリング           │  │ 第 7 章　因子分析・スパースモデリングへの応用     │
└─────────────────────────────┘  └─────────────────────────────────────────┘
   ベイズってなに？という                       ノンパラメトリックベイズモデルを
   初学者の基礎知識を補充                       入門から応用まで解説

                          第 3 部　理論編
                 ┌─────────────────────────────────────────┐
                 │ 第 8 章　測度論の基礎                         │
                 │ 第 9 章　点過程からみるノンパラメトリックベイズモデル │
                 └─────────────────────────────────────────┘
        より深く学びたい読者へ背後にある理論を測度論の基礎から解説
```

図 1 本書の構成.

リックベイズモデルをすでに知っていて，応用分野において適用したことがあるが，その背後にある理論については未学習であるという読者を対象とした内容になっています．

　本書を執筆するにあたり，さまざまな方々にご協力いただきました．構成の段階から適切なコメントをいただいた東京大学の杉山将先生に心より御礼申し上げます．NTT コミュニケーション科学基礎研究所の上田修功先生，統計数理研究所の持橋大地先生には，草稿を査読していただき，有益なコメントと提案をしていただきました．お茶の水女子大学の金子晃先生，小林一郎先生には，ゼミを設けていただき不正確・不明瞭な点など多数のフィードバックをいただきました．東京大学の横井創磨君には，いくつかの実験の図を作成していただきました．講談社サイエンティフィクの横山真吾氏には，原稿の遅れのために数々のご迷惑をおかけしたにもかかわらず，終始暖かく見守っていただきました．改めまして皆様に厚く御礼申し上げます．

2016 年 3 月

佐藤　一誠

目 次

- シリーズの刊行にあたって iii
- まえがき v

第 1 章　確率分布に関する基礎知識 1

1.1　表記や基本的な数学の準備 1
1.2　ベルヌーイ分布と二項分布 4
1.3　ポアソン分布 4
1.4　多項分布 5
1.5　ベータ分布 6
1.6　ディリクレ分布 7
1.7　ガンマ分布と逆ガンマ分布 7
1.8　ガウス分布 8
1.9　ウィシャート分布 8
1.10　スチューデント t 分布 9

第 2 章　確率的生成モデルと学習 11

2.1　確率的生成モデルと表記方法 11
2.2　グラフィカルモデル 12
2.3　統計的学習 12
2.4　周辺化 17
2.5　ギブスサンプリング 18

第 3 章　ベイズ推定 21

3.1　交換可能性とデ・フィネッティの定理 *** 21
3.2　ベイズ推定 23
3.3　ディリクレ多項分布モデル 23
3.4　ガンマ-ガウス分布モデル 26
　　3.4.1　平均 (μ) が確率変数で共分散行列 ($\sigma^2 \boldsymbol{I}$) が固定の場合 26
　　3.4.2　平均 (μ) が固定で共分散行列 ($\sigma^2 \boldsymbol{I}$) が確率変数の場合 29
　　3.4.3　平均 (μ) および共分散行列 ($\sigma^2 \boldsymbol{I}$) の両方が確率変数の場合 ... 31
3.5　周辺尤度 34

第 4 章 クラスタリング ... 41

- 4.1 K-平均アルゴリズム ... 41
- 4.2 混合ガウスモデルのギブスサンプリングによるクラスタリング ... 43
  - 4.2.1 分散固定の場合 ... 44
  - 4.2.2 分散も確率変数とする場合 ... 49
- 4.3 混合ガウスモデルの周辺化ギブスサンプリングによるクラスタリング ... 55

第 5 章 『無限次元』の扉を開く:ノンパラメトリックベイズモデル入門からクラスタリングへの応用 ... 61

- 5.1 無限次元のディリクレ分布を考える ... 61
- 5.2 無限混合ガウスモデル ... 67
- 5.3 周辺尤度からみるディリクレ分布の無限次元化 ... 68
- 5.4 分割の確率モデル ... 72
- 5.5 ディリクレ過程 ... 77
- 5.6 集中度パラメータ α の推定 *** ... 80
- 5.7 その他の話題 ... 83

第 6 章 構造変化推定への応用 ... 85

- 6.1 統計モデルを用いた構造変化推定 ... 85
- 6.2 ディリクレ過程に基づく無限混合線形回帰モデルによる構造変化推定 ... 87
- 6.3 ディリクレ過程に基づく無限混合線形回帰モデルのギブスサンプリング ... 88
- 6.4 実験例 ... 94

第 7 章 因子分析・スパースモデリングへの応用 ... 97

- 7.1 因子分析 ... 97
- 7.2 無限次元バイナリ行列の生成モデル ... 98
- 7.3 周辺尤度からみる無限次元のバイナリ行列の生成モデルと交換可能性 ... 103
- 7.4 無限潜在特徴モデル ... 107

第 8 章 測度論の基礎 ... 111

- 8.1 可測空間,測度空間,確率空間 ... 111
- 8.2 可測関数と確率変数 ... 114
- 8.3 単関数,非負値可測関数,単調収束定理 ... 117
- 8.4 確率変数の分布(確率分布) ... 120
- 8.5 期待値 ... 120
- 8.6 確率分布のラプラス変換 ... 121

8.7	"確率 1" で成り立つ命題	122
8.8	ランダム測度	123
8.9	ランダム測度のラプラス汎関数	125

第 9 章　点過程からみるノンパラメトリックベイズモデル … 127

9.1	点過程とは	127
9.2	ポアソン過程	129
9.3	ポアソンランダム測度のラプラス汎関数	133
9.4	ガンマ過程	135
9.5	ガンマランダム測度のラプラス汎関数	136
9.6	ガンマランダム測度の離散性	138
9.7	正規化ガンマ過程	143
9.8	ディリクレ過程	147
9.9	完備ランダム測度	152

■ 参考文献 … 156
■ 索　引 … 159

Chapter 1

確率分布に関する基礎知識

本章では，本書で用いる記法および確率分布に関する基礎知識を整理します．

1.1 表記や基本的な数学の準備

ここでは，本書やノンパラメトリックベイズの論文でよく使われる記号についてまとめます．本書の中でも記号の説明をする場合もありますので，ここではざっと目を通すだけで，記号がわからなくなった場合に読み返すとよいでしょう．

集合関連
- $A \equiv B$ で，「A を B と定義する」を意味します．
- $\mathbb{Z}$：整数全体，$\mathbb{N}$：自然数 (正の整数) 全体，$\mathbb{R}$：実数全体，$\mathbb{R}^+ \equiv \{x \in \mathbb{R} | x > 0\}$，$\bar{\mathbb{R}} \equiv \mathbb{R} \cup \{-\infty, \infty\}$ とします．
- $|A|$ で，集合 A の要素数を表します．
- 集合 $\{x_1, x_2, \ldots, x_n\}$ を $\{x_i\}_{i=1}^n$ などと表します．また，数に関する情報が重要ではない場合に明示せずに $\{x_i\}$ と書く場合があります．
- バックスラッシュ「\」を集合から特定の集合を取り除くときに用います．例えば，集合 $\{a, b, c, d\}$ から集合 $\{a, b\}$ を取り除いた集合を

$\{a,b,c,d\}\backslash\{a,b\}(=\{c,d\})$ などと書きます.
- 要素を取り除く場合は,簡略化してバックスラッシュの後に要素を表す記号のみ用います.例えば,$\{b,c,d\} = \{a,b,c,d\}\backslash a$ などと書きます.さらに,集合によって計算される量から特定の要素を省く場合にもバックスラッシュを用います.
- $\{x_i\}_{i=1}^n$ の中で値が k であるような要素の個数を n_k とします [*1].j 番目の要素の値 x_j を省いた個数を $n_k^{\backslash j}$ などと上付き添字で表現します.
- 和記号: $i=1,2,\ldots,n$ のとき,$\sum_{i=1}^n$ を省略して,$\sum_i$ などと書きます.また,集合 $\mathcal{S}=1,2,\ldots,n$ を使って,$\sum_{i\in\mathcal{S}}$ などと書く場合もあります.j 以外についての和をとる場合は,$\sum_{\{1,2,\ldots,n\}\backslash j}$ または $\sum_{i\neq j}^n$ などと書きます.

確率関連

$p(x,y)$ を x と y の結合分布として,y が与えられたもとでの条件付き確率は

$$p(x|y) = \frac{p(x,y)}{p(y)} \tag{1.1}$$

と計算されます.

確率分布を定義する場合は,確率分布のパラメータを θ として $p(x;\theta)$ などと書きますが,本書では,条件付き確率の形 $p(x|\theta)$ で書くことにします.この理由としては,パラメータも確率変数として扱っているという意味合いが込められています.

また,条件付き確率については,

$$p(x|y,z) = \frac{p(x,y|z)}{p(y|z)} \tag{1.2}$$

という計算が本書では多用されます.

確率変数 z が $1,2,\ldots,K$ の値をとり,それぞれの確率を $P(z=k)$ とするとき,ある z の関数 $f(z)$ の $P(z)$ による期待値計算を

[*1] もちろん,集合なので値だけみると同じ値のものは 2 個以上存在しません.ここでは,変数 x_i の集合であり,変数としてはそれぞれ違うものであると考えてください.

$$\mathbb{E}_{P(z)}[f(z)] = \sum_{k=1}^{K} P(z=k)f(z=k) = \sum_{z} P(z)f(z) \qquad (1.3)$$

などと省略して書きます．

「$\cdot$」によって対応する添字による和を表します．例えば，変数 $x_{i,j}$ ($i = 1, 2, \ldots, n$, $j = 1, 2, \ldots, m$) のとき，$x_{i,\cdot} = \sum_{j=1}^{m} x_{i,j}$ および $x_{\cdot,j} = \sum_{i=1}^{n} x_{i,j}$ となります．

行列・ベクトル関連

- $\boldsymbol{0}$ で，要素がすべて 0 のベクトルを表します．
- ある変数のベクトルは太字で表します．例えば，$\boldsymbol{x} \in \mathbb{R}^n$ は，$\boldsymbol{x} = (x_1, x_2, \ldots, x_n)$，$x_i \in \mathbb{R}$ ($i = 1, 2, \ldots, n$) です．
- 変数 $x_{i,j}$ ($i = 1, 2, \ldots, n$, $j = 1, 2, \ldots, m$) のとき，片方の添字を伏せた太字は，$\boldsymbol{x}_i = (x_{i,1}, x_{i,2}, \ldots, x_{i,m})$ を表し，すべての添字を伏せた太字は，$\boldsymbol{x} = (\boldsymbol{x}_1, \boldsymbol{x}_2, \ldots, \boldsymbol{x}_n)$ を表します．
- O で，要素がすべて 0 の行列を表します．
- $\text{Tr}(A)$ で，行列 A のトレースを表します．
- $\text{diag}(\boldsymbol{v})$ で，ベクトル $\boldsymbol{v} = (v_1, \ldots, v_K)$ を対角要素とする対角行列を表します．
- $|A|$ で，行列 A の行列式を表します．
- $A^\top$ で，行列 A の転置を表します．
- A^{-1} で，行列 A の逆行列を表します．
- $\boldsymbol{I}$ で，単位行列を表します．
- $x \perp\!\!\!\perp y | z$ で，z が与えられた下で，x と y は条件付き独立性であることを表します．
- $\int f(x,y)dxdy$ で $\int$ で一重積分および多重積分の両方を表す場合があります．
- $\delta(\text{条件式})$ で，条件式が満たされたとき 1 を，そうでないときに 0 を返す関数とします．例えば，$\delta(x=y)$ は $x=y$ のときに 1 を返します．

1.2 ベルヌーイ分布と二項分布

ベルヌーイ分布 (Bernoulli distribution) と二項分布 (binomial distribution) について説明します．

ベルヌーイ分布は，二値確率変数 $x \in \{0, 1\}$ をとる離散分布です．$x = 1$ となる確率を π $(0 \leq \pi \leq 1)$，$x = 0$ となる確率を $1 - \pi$ とします．ベルヌーイ分布は，π をパラメータとして

$$\mathrm{Bernoulli}(x|\pi) \equiv \pi^x (1-\pi)^{1-x} \quad (x \in \{0,1\}) \tag{1.4}$$

と定義されます．

ベルヌーイ分布に従う n 回の独立した試行を考え，$x_i \in \{0, 1\}$ により，i 回目の試行における値を示すとします．また，n_0 (n_1) で 0 (1) が出た回数を表現します．

このとき，π が与えられたもとでの $\boldsymbol{x} = \{x_1, x_2, \ldots, x_n\}$ の確率は，

$$p(\boldsymbol{x}|\pi) = \prod_{i=1}^{n} p(x_i|\pi) = \pi^{n_1}(1-\pi)^{n_0} \tag{1.5}$$

と計算できます．

各試行における値ではなく，n 回の試行における 1 の出現回数 n_1 に興味がある場合，n_1 の確率は，π と n がパラメータとなり，

$$\mathrm{Bi}(n_1|\pi, n) \equiv \frac{n!}{n_1!(n-n_1)!} \pi^{n_1}(1-\pi)^{n-n_1} \tag{1.6}$$

で定義される二項分布に従います．

1.3 ポアソン分布

ポアソン分布 (Poisson distribution) について説明します．ポアソン分布は頻度などの自然数をとる離散的な事象の従う分布としてよく使われる確率分布です．

ポアソン分布は，$\lambda > 0$ をパラメータとして

$$\mathrm{Po}(x|\lambda) \equiv \frac{\lambda^x}{x!}e^{-\lambda} \ (x \in \mathbb{N} \cup \{0\}) \tag{1.7}$$

と定義されます．

ポアソン分布の期待値と分散は

$$\mathbb{E}[\pi] = \lambda, \ \mathbb{V}[\pi] = \lambda \tag{1.8}$$

となります．

ポアソン分布は二項分布と以下のような関係にあります．

> $n\pi = \lambda$ のとき
> $$\lim_{n \to \infty} \mathrm{Bi}(x|\pi, n) = \mathrm{Po}(x|\lambda) \tag{1.9}$$
> となる．

証明は，確率論の教科書ならばたいてい書いてあるので，ここでは省略します．

1.4 多項分布

二項分布を多変数に拡張した**多項分布** (multinomial distribution) について説明します．

x を，K 種類の値 $\{1, 2, \ldots, K\}$ をとる確率変数とします．それぞれの値をとる確率を $\boldsymbol{\pi} = (\pi_1, \pi_2, \ldots, \pi_K) \left(\sum_{k=1}^{K} \pi_k = 1\right)$ とします．n 回の独立した試行を考え，$x_i = k$ により，i 回目の試行における値が k であることを示すとします．また，n_k で k という値が出た回数を表現します．$\boldsymbol{\pi}$ が与えられたもとで，$x_i = k$ である確率は $p(x_i = k|\boldsymbol{\pi}) = \pi_k$ となります．

このとき，$\boldsymbol{\pi}$ が与えられたもとでの $\boldsymbol{x} = \{x_1, x_2, \ldots, x_n\}$ の確率は，

$$p(\boldsymbol{x}|\boldsymbol{\pi}) = \prod_{i=1}^{n} p(x_i|\boldsymbol{\pi}) = \prod_{k=1}^{K} \pi_k^{n_k} \tag{1.10}$$

と計算できます．

各試行における値ではなく，n 回の試行における各値の出現回数 n_k に興味がある場合，$\{n_k\}_{k=1}^{K}$ の確率は，$\boldsymbol{\pi}$ と n がパラメータとなり，

$$\mathrm{Multi}(\{n_k\}_{k=1}^K|\boldsymbol{\pi},n) \equiv \frac{n!}{\prod_{k=1}^K n_k!}\prod_{k=1}^K \pi_k^{n_k} \qquad (1.11)$$

で定義される多項分布 $\mathrm{Multi}(\{n_k\}_{k=1}^K|\boldsymbol{\pi},n)$ に従います.

各試行における x_i は, $n=1$ の多項分布に従い, $p(x_i = k|\boldsymbol{\pi}) = \mathrm{Multi}(n_k = 1|\boldsymbol{\pi},1) = \pi_k$ ($\because \forall k' \neq k, n_{k'} = 0$) と考えることができるため, これを $\mathrm{Multi}(x_i|\boldsymbol{\pi})$ と表記することにします. $\mathrm{Multi}(x_i|\boldsymbol{\pi})$ を多項分布と区別して単に**離散分布**もしくは**カテゴリ分布**と呼ぶこともあります.

1.5 ベータ分布

ベータ分布 (beta distribution) について説明します. ベータ分布はベルヌーイ分布や二項分布のパラメータ π ($0 \leq \pi \leq 1$) が従う分布として使われることが多い確率分布です.

確率変数 π が, 確率密度関数

$$\mathrm{Beta}(\pi|a,b) \equiv \frac{\Gamma(a+b)}{\Gamma(a)\Gamma(b)}\pi^{a-1}(1-\pi)^{b-1} \qquad (1.12)$$

を持つとき, π は, $a>0$, $b>0$ をパラメータするベータ分布に従うといいます. ここで

$$\Gamma(x) = \int_0^\infty t^{x-1}e^{-x}dx \qquad (1.13)$$

は, **ガンマ関数** (gamma function) と呼ばれる階乗を一般化した関数で, $n \geq 2$ を整数, α を非負実数としたとき,

$$\begin{aligned}&\Gamma(1) = 1,\ \Gamma(n) = (n-1)\Gamma(n-1) = (n-1)!,\\ &\Gamma(n+\alpha) = (n-1+\alpha)\Gamma(n-1+\alpha)\end{aligned} \qquad (1.14)$$

という性質があります.

ベータ分布の期待値と分散は

$$\mathbb{E}[\pi] = \frac{a}{a+b},\ \mathbb{V}[\pi] = \frac{ab}{(a+b)^2(1+a+b)} \qquad (1.15)$$

となります.

1.6 ディリクレ分布

ベータ分布を多変数に拡張した**ディリクレ分布** (Dirichlet distribution) について説明します．K 次元確率ベクトルの集合を

$$\Delta^K = \left\{ \boldsymbol{\pi} = (\pi_1, \pi_2, \ldots, \pi_K) \,\middle|\, \sum_{k=1}^{K} \pi_k = 1,\ \pi_k \geq 0\ \forall k \right\} \quad (1.16)$$

とします．ディリクレ分布は，このような Δ^K 上の確率分布としてしばしば使われます．

確率変数 $\boldsymbol{\pi}$ が，確率密度関数

$$\mathrm{Dir}(\boldsymbol{\pi}|\boldsymbol{\alpha}) \equiv \frac{\Gamma\left(\sum_{k=1}^{K} \alpha_k\right)}{\prod_{k=1}^{K} \Gamma(\alpha_k)} \prod_{k=1}^{K} \pi_k^{\alpha_k - 1} \quad (1.17)$$

を持つとき，$\boldsymbol{\pi}$ は，$\boldsymbol{\alpha} = (\alpha_1, \alpha_2, \ldots, \alpha_K)$ ($\alpha_k > 0$) をパラメータとするディリクレ分布に従うといいます．

ディリクレ分布の期待値と分散は

$$\mathbb{E}[\pi_k] = \frac{\alpha_k}{\alpha_0},\ \mathbb{V}[\pi_k] = \frac{\alpha_k(\alpha_0 - \alpha_k)}{\alpha_0^2(1 + \alpha_0)},\ \text{ここで}\ \alpha_0 = \sum_{k=1}^{K} \alpha_k \quad (1.18)$$

となります．

1.7 ガンマ分布と逆ガンマ分布

非負値をとる確率変数が従う代表的な確率分布として**ガンマ分布** (gamma distribution) と**逆ガンマ分布** (inverse-gamma distribution) を説明します．

確率変数 τ が，確率密度関数

$$\mathrm{Ga}(\tau|a, b) \equiv \frac{b^a}{\Gamma(a)} \tau^{a-1} \exp(-b\tau) \quad (1.19)$$

を持つとき，τ は，$a > 0$, $b > 0$ をパラメータとするガンマ分布に従うといいます．

ガンマ分布の期待値と分散は

$$\mathbb{E}[\tau] = \frac{a}{b}, \ \mathbb{V}[\tau] = \frac{a}{b^2} \tag{1.20}$$

となります．

τ がガンマ分布に従うとき，$\frac{1}{\tau}$ は逆ガンマ分布に従います．$\nu = \frac{1}{\tau}$ とすると，逆ガンマ分布の確率密度関数は，$a > 0$, $b > 0$ をパラメータとして，

$$\mathrm{IG}(\nu|a,b) \equiv \frac{b^a}{\Gamma(a)} \nu^{-a-1} \exp\left(-\frac{b}{\nu}\right) \tag{1.21}$$

と定義されます．

逆ガンマ分布の期待値と分散は

$$\mathbb{E}[\nu] = \frac{b}{a-1} \ (a > 1), \ \mathbb{V}[\tau] = \frac{b^2}{(a-1)^2(a-2)}(a > 2) \tag{1.22}$$

となります．

1.8 ガウス分布

D 次元の実数値ベクトル $\boldsymbol{x} \in \mathbb{R}^D$ が従う代表的な確率分布として**ガウス分布** (Gaussian distribution) を説明します．

確率変数 $\boldsymbol{x}$ が，確率密度関数

$$\mathcal{N}(\boldsymbol{x}|\boldsymbol{\mu}, \Sigma) \equiv \frac{1}{\sqrt{(2\pi)^D|\Sigma|}} \exp\left(-\frac{1}{2}(\boldsymbol{x}-\boldsymbol{\mu})^\top \Sigma^{-1}(\boldsymbol{x}-\boldsymbol{\mu})\right) \tag{1.23}$$

を持つとき，$\boldsymbol{x}$ は，$\boldsymbol{\mu} \in \mathbb{R}^D$，$D \times D$ の正定値対称行列 Σ をパラメータとするガウス分布に従うといいます．

ガウス分布の期待値と共分散行列は

$$\mathbb{E}[\boldsymbol{x}] = \boldsymbol{\mu}, \ \mathbb{C}[\boldsymbol{x}] = \Sigma \tag{1.24}$$

となります．

1.9 ウィシャート分布

$D \times D$ の半正定値対称行列 A が従う確率分布として**ウィシャート分布**

(Wishart distribution) を説明します．

確率変数 A が，確率密度関数

$$W(A|\nu, \Sigma) \equiv \frac{|A|^{\frac{1}{2}(\nu-D-1)}}{2^{\frac{\nu D}{2}} \pi^{\frac{D(D-1)}{4}} |\Sigma|^{\frac{n}{2}} \prod_{d=1}^{D} \Gamma\left(\frac{\nu-d+1}{2}\right)} \exp\left(-\frac{1}{2}\mathrm{tr}(\Sigma^{-1}A)\right) \tag{1.25}$$

を持つとき，A は，$\nu \geq D$，$D \times D$ の行列 Σ をパラメータとするウィシャート分布に従うといいます．

ウィシャート分布の期待値と共分散行列は

$$\mathbb{E}[A] = \nu\Sigma, \quad \mathbb{C}[A] = 2\nu\Sigma \otimes \Sigma \tag{1.26}$$

となります．

1.10 スチューデント t 分布

D 次元の実数値ベクトル $\boldsymbol{x} \in \mathbb{R}^D$ が従う分布として**スチューデント t 分布** (Student–t distribution) があります．

確率変数 $\boldsymbol{x}$ が，確率密度関数

$$\mathrm{St}(\boldsymbol{x}|\boldsymbol{\mu}, \nu, \Sigma)$$
$$\equiv \frac{1}{\sqrt{\pi^D \nu^D |\Sigma|}} \frac{\Gamma(\nu/2 + D/2)}{\Gamma(\nu/2)} \left[1 + \frac{1}{\nu}(\boldsymbol{x}-\boldsymbol{\mu})^\top \Sigma^{-1}(\boldsymbol{x}-\boldsymbol{\mu})\right]^{-\frac{\nu+D}{2}} \tag{1.27}$$

を持つとき，$\boldsymbol{x}$ は，$\boldsymbol{\mu} \in \mathbb{R}^D$，$\nu \in \mathbb{R}^+$，$D \times D$ の正定値対称行列 Σ をパラメータとするスチューデント t 分布に従うといいます．

スチューデント t 分布の期待値と共分散行列は

$$\mathbb{E}[\boldsymbol{x}] = \boldsymbol{\mu}, \quad \mathbb{C}[\boldsymbol{x}] = \frac{\nu}{\nu-2}\Sigma \tag{1.28}$$

となります．

上記の定義が一般的ですが，別の定義もあります．$\boldsymbol{\mu} \in \mathbb{R}^D$，$\nu \in \mathbb{R}^+$，$D \times D$ の正定値対称行列 Φ をパラメータとして，

$$p(\boldsymbol{x}|\boldsymbol{\mu}, \nu, \Phi)$$
$$= \mathrm{St}(\boldsymbol{x}|\boldsymbol{\mu}, \nu, \Phi)$$
$$\equiv \frac{1}{\sqrt{\pi^D |\Phi|}} \frac{\Gamma(\nu/2 + D/2)}{\Gamma(\nu/2)} \left[1 + (\boldsymbol{x}-\boldsymbol{\mu})^\top \Phi^{-1} (\boldsymbol{x}-\boldsymbol{\mu})\right]^{-\frac{\nu+D}{2}} \quad (1.29)$$

と定義する場合もあります*2.本書では,式 (1.29) の定義のスチューデント t 分布を用います.

このとき,スチューデント t 分布の期待値と共分散行列は

$$\mathbb{E}[\boldsymbol{x}] = \boldsymbol{\mu}, \ \mathbb{C}[\boldsymbol{x}] = \frac{1}{\nu - 2}\Phi \quad (1.30)$$

となります.

---

*2 式 (1.27) で $\Phi = \nu\Sigma$ とすれば同じ式であることがわかります.ただし,Φ は ν に依存しているわけではありません.ν を変化させても Σ を調節することで Φ を変化しないようにすることができるので,式 (1.29) の定義において ν と Φ は独立したパラメータです.

Chapter 2

確率的生成モデルと学習

確率的生成モデルは,データの生成過程を確率モデルによって表現した数理モデルです.本章ではまず,確率的生成モデルで用いられるデータの生成過程の記述方法を説明します.次に,生成モデルの推定問題としての統計的学習について説明します.

2.1 確率的生成モデルと表記方法

ϕ を確率分布 $p(x_i|\phi)$ のパラメータとします.確率変数 x_i の値が確率分布 $p(x|\phi)$ から生成されるとき,

$$x_i \sim p(x|\phi) \ (i=1,\ldots,n) \tag{2.1}$$

と書きます.この表現は,$p(x|\phi)$ から i 番目に生成されたサンプルであることも意味します.また,確率変数 x_i $(i=1,\ldots,n)$ が,確率分布 $p(x|\phi)$ に従うことを示す場合もこの表現を使います.

$$x_i|\phi \sim p(x|\phi) \ (i=1,\ldots,n) \tag{2.2}$$

と書く場合もあります.

特定の確率分布で表現する場合は,確率変数の部分を除きパラメータのみ

残して表現することもあります．例えば，平均 μ，分散 σ^2 のガウス分布から x_i が生成されていると仮定する場合，$\mathcal{N}(x|\mu,\sigma^2)$ と書かずに

$$x_i \sim \mathcal{N}(\mu,\sigma^2)\ (i=1,\ldots,n) \tag{2.3}$$

と表現します．

確率的生成モデルの考え方では，すでに存在している事例も確率変数として考えます．例えば，x_i を用いてある事例を表現した場合，その事例は x_i という確率変数の実現値だと考えます．

2.2 グラフィカルモデル

生成モデルを作ると確率変数間の依存関係が出てきます．この関係をわかりやすく記述するために，**グラフィカルモデル** (graphical model) と呼ばれる表現方法が用いられます．

例えば，$x_i \sim \mathcal{N}(\mu,\sigma^2)\ (i=1,\ldots,n)$ で表現される生成過程は，μ および σ^2 とそこから生成される x_i の関係を図 **2.1**(a) のように記述します．円で囲まれている部分が確率変数に相当し，矢印で依存（生成）関係が記述されます．依存関係のみで確率分布の種類の情報は省略されます．図 2.1(a) では，n 個の確率変数 $(x_1, x_2, \ldots, x_n)$ が明示的に書かれていますが，図 2.1(b) で表現されるようにプレートと呼ばれる矩形で囲むことで，繰り返し部分を省略して書くことができます．

2.3 統計的学習

観測データ $\boldsymbol{x}_{1:n}=(x_1,x_2,\ldots,x_n)$ に関して，これらの生成源が確率分布 $p^*(x)$ であるとします [*1]．観測データから $p^*(x)$ を推定することを**統計的学習** (statistical learning) あるいは**統計的推定** (statistical estimation) と呼びます．本書では，データの生成メカニズムを統計的に記述した生成モデル

[*1] 「*」は「真の」という意味合いでつけました．もちろん，現実のデータがこのような $p^*(x)$ から実際に生成されているとは限りませんが，これはアルゴリズムを導出するための数学的な仮定です．

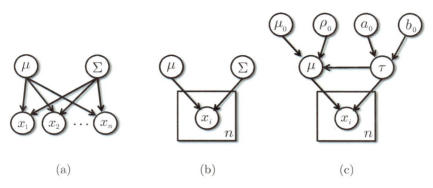

図 2.1 グラフィカルモデルの例.

の推定問題を扱います.

一般には真の生成分布 $p^*(x)$ を知ることができないので, その代わりにこの生成分布を統計モデルで近似することを考えます. ここでは統計モデルとして,

$$x_i \sim p(x|\phi)\ (i=1,\ldots,n) \tag{2.4}$$

という生成モデルを仮定します. 具体的なモデルではなく, ここではベイズ推定を理解するための簡単な例だと思ってください.

統計モデルの「近さ」を表す指標として**カルバック・ライブラー・ダイバージェンス**（Kullback-Leibler divergence, KL ダイバージェンス）[2] を導入します.

> **定義 2.1（KL ダイバージェンス）**
>
> $$\mathrm{KL}\left[p^*(x)||p(x|\phi)\right] = \int p^*(x) \log \frac{p^*(x)}{p(x|\phi)} dx \tag{2.5}$$
>
> を KL ダイバージェンスと呼ぶ．KL ダイバージェンスには，
>
> $$\mathrm{KL}\left[p^*(x)||p(x|\phi)\right] \geq 0, \tag{2.6}$$
> $$\mathrm{KL}\left[p^*(x)||p(x|\phi)\right] = 0 \Leftrightarrow p^*(x) = p(x|\phi) \tag{2.7}$$
>
> という性質がある．

KL ダイバージェンスを導入することによって，我々の目標は $\mathrm{KL}\left[p^*(x)||p(x|\phi)\right]$ を最小にする $p(x|\phi)$ を求めることになり，それは結局パラメータ ϕ を推定する問題となるため，最適化問題：

$$\phi^* = \underset{\phi}{\mathrm{argmin}}\, \mathrm{KL}\left[p^*(x)||p(x|\phi)\right] \tag{2.8}$$

へと定式化されます．ここで，確率分布 $p^*(x)$ による期待値を $\mathbb{E}_{p^*(x)}[\cdot]$ とすると KL ダイバージェンスは

$$\begin{aligned}\mathrm{KL}\left[p^*(x)||p(x|\phi)\right] &= \mathbb{E}_{p^*(x)}\left[\log \frac{p^*(x)}{p(x|\phi)}\right] \\ &= \mathbb{E}_{p^*(x)}\left[\log p^*(x)\right] - \mathbb{E}_{p^*(x)}\left[\log p(x|\phi)\right]\end{aligned} \tag{2.9}$$

と表せます．

$\mathbb{E}_{p^*(x)}\left[\log p^*(x)\right]$ の項は $p(x|\phi)$ の最適化に寄与しないので，実際には最適化問題（クロスエントロピー最小化）：

$$\phi^* = \underset{\phi}{\mathrm{argmin}}\, -\mathbb{E}_{p^*(x)}[\log p(x|\phi)] = \underset{\phi}{\mathrm{argmax}}\, \mathbb{E}_{p^*(x)}[\log p(x|\phi)] \tag{2.10}$$

を解けばよいことになります．

この最適化問題は未知の $p^*(x)$ を含んでいるため，このままでは解くことができません．そこで，データを真の分布からのサンプルとみなして期待値計算を近似します．つまり，$x_i \sim p^*(x)$ なので，$\mathbb{E}_{p^*(x)}[\log p(x|\phi)] \approx$

$\frac{1}{n}\sum_{i=1}^{n}\log p(x_i|\phi)$ を用いて

$$\phi^* = \underset{\phi}{\operatorname{argmax}} \frac{1}{n}\sum_{i=1}^{n}\log p(x_i|\phi) \tag{2.11}$$

となります．これは**最尤推定**（maximum likelihood estimation）と呼ばれる方法で，最尤推定によって得られる解を ϕ_{ML} と書くことにします．

生成モデルの観点でみると，各々は統計的に独立に生成されるとすれば，データ $\boldsymbol{x}_{1:n}$ の生成確率は $p(\boldsymbol{x}_{1:n}|\phi) = \prod_{i=1}^{n}p(x_i|\phi)$ として計算できるため，この生成確率（または確率の対数）を最大にする ϕ を求めていることになります．すなわち，

$$\phi_{\mathrm{ML}} = \underset{\phi}{\operatorname{argmax}} \log \prod_{i=1}^{n}p(x_i|\phi) = \underset{\phi}{\operatorname{argmax}} \sum_{i=1}^{n}\log p(x_i|\phi) \tag{2.12}$$

となります．

ここで，パラメータ ϕ に関する生成過程も考えてみます（グラフィカルモデルは図 2.1(c) となります）．

$$\phi \sim p(\phi|\eta) \tag{2.13}$$

と仮定すると，生成確率は $p(x_{1:n}, \phi|\eta) = p(\phi|\eta)\prod_{i=1}^{n}p(x_i|\phi)$ となります．したがって，最適化問題：

$$\phi^* = \underset{\phi}{\operatorname{argmax}} \left\{ \log p(\phi|\eta) + \sum_{i=1}^{n}\log p(x_i|\phi) \right\} \tag{2.14}$$

を解くことになります．

最適化問題としてみると $\log p(\phi|\eta)$ の項は，最尤推定時の過学習を防ぐ項[*2]として機能しています．**過学習** (overfitting) とは，観測データに過剰に適合し，汎化能力が低くなる現象です．**汎化能力** (generalization ability) とは，訓練データから学習した結果を未知の問題に対して適用した場合の性能です．ここでは，新規データに対する予測能力だと考えてください．した

[*2] このような過学習を防ぐための項は正則化項と呼ばれています．

がって，式 (2.12) の最尤推定に比べて，式 (2.14) は汎化能力の高い推定が期待できます．

実は，式 (2.14) は事後分布で最大化していることから，**事後確率最大推定** (maximum a posteriori estimation, MAP 推定) と呼ばれています．MAP 推定によって得られる解を ϕ_{MAP} と書くことにします．ベイズ推定については次章で詳しく説明しますので，ベイズの定理や事後分布を初めて聞いたという人は，次章を読んだ後にもう一度以下の議論を読み返したほうがよいかもしれません．

ベイズの定理は，観測データ $\boldsymbol{x}_{1:n}$ の尤度 $p(\boldsymbol{x}_{1:n}|\phi)$ および ϕ の事前分布 $p(\phi|\eta)$ を用いて，ϕ の事後分布を

$$p(\phi|\boldsymbol{x}_{1:n}, \eta) = \frac{p(\phi, \boldsymbol{x}_{1:n}|\eta)}{p(\boldsymbol{x}_{1:n}|\eta)} = \frac{p(\boldsymbol{x}_{1:n}|\phi)p(\phi|\eta)}{p(\boldsymbol{x}_{1:n}|\eta)}, \tag{2.15}$$

$$p(\boldsymbol{x}_{1:n}|\eta) = \int p(\phi, \boldsymbol{x}_{1:n}|\eta) d\phi \tag{2.16}$$

とします．$p(\boldsymbol{x}_{1:n}|\eta)$ は ϕ の最適化には寄与しないので，最適化問題 (2.14) は

$$\phi_{\mathrm{MAP}} = \underset{\phi}{\operatorname{argmax}} \log p(\phi|\boldsymbol{x}_{1:n}, \eta) \tag{2.17}$$

と等価になります．すなわち，事後分布 $p(\phi|\boldsymbol{x}_{1:n}, \eta)$ を最大にする ϕ を求めていることがわかります．

最尤推定や MAP 推定によってパラメータを推定すれば，新たなデータ x^* に対して，その予測分布 $p(x^*|\phi_{\mathrm{ML}})$ や $p(x^*|\phi_{\mathrm{MAP}})$ を構成することができます．最尤推定や MAP 推定は推定された 1 つのパラメータ ϕ_{ML}，ϕ_{MAP} を用いて予測分布を構成していますが，パラメータの事後確率分布が求まっていれば，

$$p(x^*|\boldsymbol{x}_{1:n}) = \int p(x^*|\phi)p(\phi|\boldsymbol{x}_{1:n}) d\phi \tag{2.18}$$

のようにその確率で重み付けされた予測を行うことも可能です．

この枠組みは**ベイズ推定**と呼ばれています．最尤推定や MAP 推定は，ベイズ推定とは異なりパラメータ 1 点のみを推定するため，総称して**点推定** (point estimation) とも呼ばれています (図 **2.2**).

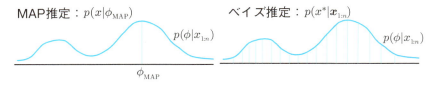

図 2.2 MAP 推定とベイズ推定.

ただし実応用で使うモデルでは，たいていこのような積分計算は解析的に求めることができず，そもそも事後分布も解析的に求めることができない場合がほとんどです．したがって，ベイズ推定では，以下のように事後分布から何らかの方法で S 個のサンプルを生成し，サンプル平均により予測分布を

$$p(x^*|\boldsymbol{x}_{1:n}) = \frac{1}{S}\sum_{s=1}^{S} p(x^*|\phi^{(s)}), \ \phi^{(s)} \sim p(\phi|\boldsymbol{x}_{1:n}) \qquad (2.19)$$

と計算します．このように考えると，ベイズ推定が複数の $\phi^{(s)}$ を用いて推定をしている点で点推定とは異なることがわかります．

2.4 周辺化

結合分布から特定の変数を積分消去することを**周辺化** (marginalization) といいます．例えば，確率変数 x_1, x_2, x_3 の結合分布 $p(x_1, x_2, x_3)$ から x_2 を積分消去することで

$$p(x_1, x_3) = \int p(x_1, x_2, x_3) dx_2$$

が得られます．

ベイズ推定では，観測データ $\boldsymbol{x}_{1:n}$ の尤度 $p(\boldsymbol{x}_{1:n}|\phi)$ を事前分布 $p(\phi|\eta)$ で周辺化した

$$p(\boldsymbol{x}_{1:n}|\eta) = \int p(\boldsymbol{x}_{1:n}|\phi)p(\phi|\eta)d\phi = \int p(\boldsymbol{x}_{1:n}, \phi|\eta)d\phi$$

を**周辺尤度** (marginal likelihood) と呼びます．

2.5　ギブスサンプリング

　前節でも述べたとおり，実応用で使うモデルでは，ベイズ予測分布を解析的に求めることができず，事後分布も解析的に求めることができない場合がほとんどです．したがって，ベイズ推定では，式 (2.19) で示したとおり，事後分布からサンプルを生成し，サンプル平均により予測分布を構成します．

　マルコフ連鎖モンテカルロ法 (Markov chain Monte Carlo method) は，事後分布から効率的にサンプルを生成する方法です．ここでは，マルコフ連鎖モンテカルロ法の 1 つのアルゴリズムである**ギブスサンプリング** (Gibbs sampling) を紹介します．ギブスサンプリングは，多変量の事後分布に対して，各々の確率変数の条件付き分布から交互にサンプリングを行うことにより，多変量の事後分布からのサンプリングを保証する方法です．

　例えば，確率変数 ϕ, ψ, μ によりデータ $\boldsymbol{x}_{1:n}$ の生成モデルを仮定し，事後分布 $p(\phi, \psi, \mu | \boldsymbol{x}_{1:n})$ を求めたいとします．実応用では，$p(\phi, \psi, \mu | \boldsymbol{x}_{1:n})$ が何らかのよく知られた確率分布になることはほとんどありません．もちろん，$p(\phi, \psi, \mu | \boldsymbol{x}_{1:n}) \neq p(\phi | \boldsymbol{x}_{1:n}) p(\psi | \boldsymbol{x}_{1:n}) p(\mu | \boldsymbol{x}_{1:n})$ であることがほとんどです．

　このような場合に，ギブスサンプリングでは，それぞれの確率変数に対する条件付き分布を用いて，

$$\phi^{(s+1)} \sim p(\phi | \psi^{(s)}, \mu^{(s)}, \boldsymbol{x}_{1:n}), \tag{2.20}$$

$$\psi^{(s+1)} \sim p(\psi | \phi^{(s+1)}, \mu^{(s)}, \boldsymbol{x}_{1:n}), \tag{2.21}$$

$$\mu^{(s+1)} \sim p(\mu | \phi^{(s+1)}, \psi^{(s+1)}, \boldsymbol{x}_{1:n}) \tag{2.22}$$

と交互にサンプリングを行います．

　ギブスサンプリングの問題は，それぞれの確率変数に対する条件付き分布が解析的に計算でき，サンプリングも容易である必要があります．このような条件付き分布を導出するために，それぞれの確率変数の事前分布として**共役事前分布** (conjugate prior distribution) がよく用いられます．

　確率変数 x の従う分布が $p(x|\theta)$ で，θ の事前分布を $p(\theta)$ とするとき，ベイズの定理により事後分布は $p(\theta|x) \propto p(x|\theta) p(\theta)$ となります．このとき，事

前分布 $p(\theta)$ と事後分布 $p(\theta|x)$ が同じ分布族[*3]に属するとき，$p(\theta)$ は $p(\theta|x)$ の共役事前分布と呼びます．

事後分布と事前分布が同じ分布族に属するという性質はギブスサンプリングを適用する際には重要な要素になります．

> サンプリングが容易な確率分布を共役事前分布とすることで，条件付き分布は事前分布と同じ種類の（ほとんどの場合同じ）確率分布になるため，条件付き分布のサンプリングもまた容易になる可能性があります．

「サンプリングが容易」というのは「簡単に使えるライブラリが存在する」といってしまったほうがわかりやすいかもしれません．また，共役事前分布を用いることで，事後分布の"形"があらかじめわかるため，事後分布を計算する際に必要な正規化定数[*4]の計算を省くことができます．共役事前分布は，モデルに用いる確率分布に依存するため，本書では具体的なモデルを説明する際に適宜紹介し，事後分布における正規化定数の計算の省略なども適宜説明していきます．

各々の変数の条件付き分布を計算する際に，ベイズの定理により結合分布の計算へ帰着させ，条件付き分布の積に分解することで計算の見通しがよくなります．このとき，グラフィカルモデルが役に立ちます．グラフィカルモデルを用いることで，**条件付き独立** (conditional independence) や**ベイズの定理** (Bayes theorem) によって結合分布を簡潔な条件付き分布の積に分解する見通しが付きやすくなります．以下では条件付き独立について説明し，次章でベイズの定理について説明します．

定義 2.2（確率変数の条件付き独立性）

z が与えられたもとでの x と y の条件付き確率分布をそれぞれ $p(x|z), p(y|z)$ とし，(x, y) の条件付き結合（同時）分布を $p(x, y|z)$ とする．このとき，すべての x, y に対し $p(x, y|z) = p(x|z)p(y|z)$ が成り立つとき，z が与えられたもとで x と y は条件付き独立であるといい，$x \perp\!\!\!\perp y | z$ と表す．

[*3] 確率分布の集合を分布族と呼びます．
[*4] $\mathcal{X}$ 上の確率密度関数 $p(x)$ が $\int_{\mathcal{X}} p(x)dx = 1$ となるための項を正規化定数と呼びます．

基本的には，図 2.3 に示す 3 つのパターンにおける条件付き独立性とその独立性に基づく結合分布の分解の仕方をもとにすれば容易に計算できるようになります．これらの方法に関しては，本書で具体的なモデルを用いて説明していきます．

tail-to-tail型　・条件付き独立性：$a \perp b \mid c$

・ベイズの定理による結合分布の分解：
$$p(a,b,c) = p(a \mid c)p(b \mid c)p(c)$$

head-to-tail型　・条件付き独立性：$a \perp b \mid c$

・ベイズの定理による結合分布の分解：
$$p(a,b,c) = p(b \mid c)p(c \mid a)p(a)$$

head-to-head型　・条件付き独立性 $a \not\perp b \mid c$

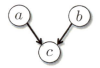
・ベイズの定理による結合分布の分解：
$$p(a,b,c) = p(c \mid a,b)p(a)p(b)$$

図 2.3　3 パターンのグラフィカルモデルと条件付き独立性およびベイズの定理による結合分布の分解例．

Chapter 3

ベイズ推定

> 本章では，ベイズ推定に関する基礎項目の説明を行います．ベイズ推定を構成する基本的な要素である，共役事前分布，事後分布，周辺尤度などについて具体例を用いて説明します．

3.1 交換可能性とデ・フィネッティの定理 ***

ここでは，ベイズ推定を構成する要素の1つである事前分布について，その基礎的な裏付けとなるデ・フィネッティ (de Finetti) の定理について簡単に説明します[*1]．

まず，**交換可能性**について説明します．

[*1] タイトルに***がある場合は，数学的に高度な内容のため最初は読み飛ばしても差し支えありません．

定義 3.1（交換可能性）

確率変数の有限系列 $(x_1, x_2, \ldots, x_n)$ が交換可能であるとは、これらの変数の順序を入れ替えても、これらの変数の結合確率は変わらないことをいう。すなわち、

$$p((x_1, x_2, \ldots, x_n)) = p((x_{\sigma(1)}, x_{\sigma(2)}, \ldots, x_{\sigma(n)})) \tag{3.1}$$

となることをいう。ただし、σ は、集合 $\{1, 2, \ldots, n\}$ に対する置換である。

また、無限系列が交換可能であるとは、その系列の任意の有限部分系列が交換可能であることである。

この交換可能性に関して、次の定理が知られています。

定理 3.2（デ・フィネッティ (de Finetti) の定理）

確率変数の列 $(x_1, x_2, \ldots)$ が交換可能であるとき、この中の任意の n 個の結合確率は、ある確率変数 ϕ を用いて、

$$p((x_1, x_2, \ldots, x_n)) = \int \prod_{i=1}^{n} p(x_i|\phi) p(\phi) d\phi \tag{3.2}$$

と表現することができる。

デ・フィネッティの定理は、$p(\boldsymbol{x}_{1:n})$ に交換可能性を仮定するとき、$\boldsymbol{x}_{1:n}$ が独立同分布に従っているように表現することができることを表しています。すなわち、$x_i \sim p(x|\phi)$ $(i = 1, \ldots, n)$ です。機械学習においては、観測データの分布に対して交換可能性を仮定することが多く、このような場合、$p(x_i|\phi)$ および $p(\phi)$ の存在を仮定することはデ・フィネッティの定理により自然な仮定といえます。まさに、$p(x_i|\phi)$ は観測データの尤度、$p(\phi)$ は ϕ の事前分布を表現しています。

3.2 ベイズ推定

観測データの尤度および尤度を構成するパラメータを確率変数としてその事前分布を仮定したとき，以下のベイズの定理により事後分布を計算することができます．

> **定義 3.3（ベイズの定理）**
>
> y が与えられたもとでの，x の事後分布 $p(x|y)$ は，$p(x)$ を x の事前分布として
> $$p(x|y) = \frac{p(y|x)p(x)}{p(y)} \tag{3.3}$$
> となる．

ベイズの定理により，観測データ $\boldsymbol{x}_{1:n}$ が与えられたもとでの ϕ の事後分布は，

$$p(\phi|\boldsymbol{x}_{1:n}) = \frac{p(\boldsymbol{x}_{1:n}|\phi)p(\phi)}{p(\boldsymbol{x}_{1:n})} \tag{3.4}$$

と計算できます．前章で説明したとおり，事後分布により予測分布を

$$p(x|\boldsymbol{x}_{1:n}) = \int p(x|\phi)p(\phi|\boldsymbol{x}_{1:n})d\phi \tag{3.5}$$

と構成することができます．この予測分布を他と区別して，**ベイズ予測分布** (Bayesian predictive distribution) と呼ぶこともあります．

ベイズ推定は，このベイズ予測分布 $p(x|\boldsymbol{x}_{1:n})$ によって真の生成源の分布 $p^*(x)$ を推定する方法です．

3.3 ディリクレ-多項分布モデル

ベイズ推定の例としてディリクレ-多項分布モデルを説明します．

サイコロを n 回ふったときに出る目を生成モデルとして考えてみま

しょう．K 個の目が出るサイコロを考えます．各目の出る確率を $\boldsymbol{\pi} = (\pi_1, \pi_2, \ldots, \pi_K)$ $\left(\sum_{k=1}^{K} \pi_k = 1\right)$ とします．各目の出る確率が異なる (可能性のある) 歪んだサイコロを想像してください．z_i で i 番目に投げたサイコロの目を表すことにします．つまり $z_2 = 6$ は，2 番目に投げたサイコロの目が 6 であったことを意味します．z_i の従う分布として多項分布 $\mathrm{Multi}(z|\boldsymbol{\pi})$ を仮定します．これを n 回投げることによって，生成されるサイコロの目の集まり z_i $(i = 1, 2, \ldots, n)$ の生成過程は

$$z_i \sim \mathrm{Multi}(\boldsymbol{\pi}) \ (i = 1, \ldots, n) \tag{3.6}$$

と書けます．さらに，各サイコロの目の出現確率 $\boldsymbol{\pi} \in \Delta^K$ に関しても確率分布を考えます．具体的には，$\boldsymbol{\pi}$ に対して $\boldsymbol{\alpha} = (\alpha_1, \alpha_2, \ldots, \alpha_K)$ をパラメータとするディリクレ分布を仮定します．したがって，生成過程は

$$z_i \sim \mathrm{Multi}(\boldsymbol{\pi}) \ (i = 1, \ldots, n), \ \boldsymbol{\pi} \sim \mathrm{Dir}(\boldsymbol{\alpha}) \tag{3.7}$$

となります．この生成モデルをディリクレ–多項分布モデルと呼びます．グラフィカルモデルは図 **3.1** (a) となります．

このような生成過程によって $\boldsymbol{z}_{1:n}$ が得られると仮定したとき $\boldsymbol{\pi}$ に関する分析をしましょう．まず，$\boldsymbol{z}_{1:n}$ が与えられたもとでの $\boldsymbol{\pi}$ の事後分布は，

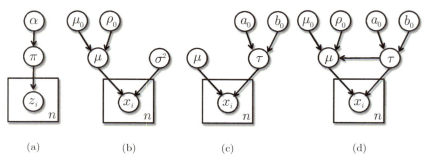

図 3.1 グラフィカルモデル．

$$p(\boldsymbol{\pi}|\boldsymbol{z}_{1:n},\boldsymbol{\alpha}) = \frac{p(\boldsymbol{\pi},\boldsymbol{z}_{1:n}|\boldsymbol{\alpha})}{p(\boldsymbol{z}_{1:n}|\boldsymbol{\alpha})} \propto p(\boldsymbol{\pi},\boldsymbol{z}_{1:n}|\boldsymbol{\alpha}) = p(\boldsymbol{z}_{1:n}|\boldsymbol{\pi})p(\boldsymbol{\pi}|\boldsymbol{\alpha})$$

$$= \left(\prod_{i=1}^{n}\prod_{k=1}^{K}\pi_k^{\delta(z_i=k)}\right)\frac{\Gamma(\sum_{k=1}^{K}\alpha_k)}{\prod_{k=1}^{K}\Gamma(\alpha_k)}\prod_{k=1}^{K}\pi_k^{\alpha_k-1}$$

$$= \frac{\Gamma(\sum_{k=1}^{K}\alpha_k)}{\prod_{k=1}^{K}\Gamma(\alpha_k)}\prod_{k=1}^{K}\pi_k^{n_k+\alpha_k-1}$$

$$\propto \prod_{k=1}^{K}\pi_k^{n_k+\alpha_k-1} \tag{3.8}$$

となります.ここで,$n_k = \sum_{i=1}^{n}\delta(z_i = k)$ とします.つまり,まとめると

$$p(\boldsymbol{\pi}|\boldsymbol{z}_{1:n},\boldsymbol{\alpha}) \propto \prod_{k=1}^{K}\pi_k^{n_k+\alpha_k-1} \tag{3.9}$$

と簡単な式になります.π_k に関する確率分布であることを考えると,$p(\boldsymbol{\pi}|\boldsymbol{z}_{1:n},\boldsymbol{\alpha})$ は $\alpha_k + n_k$ をパラメータとするディリクレ分布になることがわかります.したがって,正規化定数は計算するまでもなく

$$p(\boldsymbol{\pi}|\boldsymbol{z}_{1:n},\boldsymbol{\alpha}) = \frac{\Gamma(n+\sum_{k=1}^{K}\alpha_k)}{\prod_{k=1}^{K}\Gamma(\alpha_k+n_k)}\pi_k^{n_k+\alpha_k-1} \tag{3.10}$$

となります.

$\boldsymbol{\pi}$ の事後分布が計算できたので,次に予測分布を計算してみましょう.$\boldsymbol{z}_{1:n}$ が与えられたもとで,$n+1$ 番目の z_{n+1} が値 k をとる予測分布は

$$p(z_{n+1}=k|\boldsymbol{z}_{1:n},\boldsymbol{\alpha}) = \int p(z_{n+1}=k|\boldsymbol{\pi})p(\boldsymbol{\pi}|\boldsymbol{z}_{1:n},\boldsymbol{\alpha})d\boldsymbol{\pi}$$

$$= \int \pi_k p(\boldsymbol{\pi}|\boldsymbol{z}_{1:n},\boldsymbol{\alpha})d\boldsymbol{\pi}$$

(ディリクレ分布の期待値計算(p.7 式 (1.18) 参照)から)

$$= \frac{n_k+\alpha_k}{\sum_{k=1}^{K}(n_k+\alpha_k)} \tag{3.11}$$

となります.

この予測分布の意味を次のように式変形して考えてみます.$n = \sum_{k=1}^{K}n_k$ なので,$\alpha_0 = \sum_{k=1}^{K}\alpha_k$ とすれば,

$$p(z_{n+1}=k|\boldsymbol{z}_{1:n},\boldsymbol{\alpha}) = \underbrace{\frac{n}{n+\alpha_0}}_{(A)} \underbrace{\frac{n_k}{\sum_{k=1}^{K} n_k}}_{(B)} + \underbrace{\frac{\alpha_0}{n+\alpha_0}}_{(A)} \underbrace{\frac{\alpha_k}{\sum_{k=1}^{K} \alpha_k}}_{(C)} \quad (3.12)$$

となります．まず，(B) 部分は $\boldsymbol{z}_{1:n}$ における頻度を正規化した確率です．また，(C) 部分は事前分布であるディリクレ分布の平均の確率です．予測分布は，これらを (A) 部分の割合で足しあわせていると考えることができます．(B) 部分の頻度による予測では，過去のデータ $\boldsymbol{z}_{1:n}$ における頻度が 0 の場合は，予測確率も 0 となってしまいますが，事前分布を導入することでこのような問題を回避できます．

3.4 ガンマ–ガウス分布モデル

ここでは，ガウス分布の事後分布を求めます．まず，「平均が確率変数で分散が固定」の場合の「平均の事後分布」，次に，「平均が固定で分散が確率変数」の場合の「分散の事後分布」，最後に，「平均と分散が確率変数」の場合の「平均と分散の事後分布」を求めます．

平均 $\boldsymbol{\mu}$，共分散行列 $\sigma^2 \boldsymbol{I}$ の D 次元ガウス分布に対するサンプル $\boldsymbol{x}_{1:n}$ の尤度を計算しておくと，

$$\begin{aligned} p(\boldsymbol{x}_{1:n}|\boldsymbol{\mu},\sigma^2) &= \prod_{i=1}^{n} \mathcal{N}(\boldsymbol{x}_i|\boldsymbol{\mu},\sigma^2 \boldsymbol{I}) \\ &= \frac{1}{(\sqrt{2\pi\sigma^2})^{nD}} \exp\left(-\frac{1}{2\sigma^2}\sum_{i=1}^{n}\|\boldsymbol{x}_i-\boldsymbol{\mu}\|^2\right) \end{aligned} \quad (3.13)$$

となります．

以下，ガンマ–ガウスモデルに関するさまざまな計算パターンが続きますが，ここでの計算は次章で説明する混合ガウスモデルで用いる計算の準備となっています．

3.4.1 平均 ($\boldsymbol{\mu}$) が確率変数で共分散行列 ($\sigma^2 \boldsymbol{I}$) が固定の場合

ここでの目標は確率変数 $\boldsymbol{\mu}$ の事後分布を求めることなので，$\boldsymbol{\mu}$ に対して事前分布 $\boldsymbol{\mu} \sim \mathcal{N}(\boldsymbol{\mu}_0,\sigma_0^2 \boldsymbol{I})$ を仮定します．グラフィカルモデルは図 3.1 (b) と

3.4 ガンマーガウス分布モデル

なります.

まずは,簡単のためサンプル数 $n=1$ の場合を考えます.

$$p(\boldsymbol{\mu}|\boldsymbol{x}_1,\sigma^2,\boldsymbol{\mu}_0,\sigma_0^2) \propto p(\boldsymbol{\mu},\boldsymbol{x}_1|\sigma^2,\boldsymbol{\mu}_0,\sigma_0^2) = p(\boldsymbol{x}_1|\boldsymbol{\mu},\sigma^2)p(\boldsymbol{\mu}|\boldsymbol{\mu}_0,\sigma_0^2) \tag{3.14}$$

であり,比例記号の上に対象とする変数を書くことにすれば,

$$\begin{aligned}
p(\boldsymbol{x}_1|&\boldsymbol{\mu},\sigma^2)p(\boldsymbol{\mu}|\boldsymbol{\mu}_0,\sigma_0^2) \\
&= \mathcal{N}(\boldsymbol{x}_1|\boldsymbol{\mu},\sigma^2\boldsymbol{I})\mathcal{N}(\boldsymbol{\mu}|\boldsymbol{\mu}_0,\sigma_0^2\boldsymbol{I}) \\
&\stackrel{\boldsymbol{\mu}}{\propto} \exp\left(-\frac{1}{2\sigma^2}\|\boldsymbol{x}_1-\boldsymbol{\mu}\|^2 - \frac{1}{2\sigma_0^2}\|\boldsymbol{\mu}-\boldsymbol{\mu}_0\|^2\right) \\
&\stackrel{\boldsymbol{\mu}}{\propto} \exp\left(-\frac{\sigma^2+\sigma_0^2}{2\sigma^2\sigma_0^2}\left\|\boldsymbol{\mu}-\left(\frac{\sigma_0^2}{\sigma^2+\sigma_0^2}\boldsymbol{x}_1+\frac{\sigma^2}{\sigma^2+\sigma_0^2}\boldsymbol{\mu}_0\right)\right\|^2\right)
\end{aligned} \tag{3.15}$$

となります.したがって,式 (3.15) はガウス分布になるので正規化定数の計算をするまでもなく,

$$p(\boldsymbol{\mu}|\boldsymbol{x}_1,\sigma^2,\boldsymbol{\mu}_0,\sigma_0^2) = \mathcal{N}\left(\boldsymbol{\mu}\,\middle|\,\frac{\sigma_0^2}{\sigma^2+\sigma_0^2}\boldsymbol{x}_1+\frac{\sigma^2}{\sigma^2+\sigma_0^2}\boldsymbol{\mu}_0,\left(\frac{1}{\sigma_0^2}+\frac{1}{\sigma^2}\right)^{-1}\boldsymbol{I}\right) \tag{3.16}$$

となります.

次に,サンプル数 $n \geq 2$ の場合を考えます.式 (3.13) から

$$\begin{aligned}
p(\boldsymbol{x}_{1:n}|\boldsymbol{\mu},\sigma^2) &\stackrel{\boldsymbol{\mu}}{\propto} \exp\left(-\frac{1}{2\sigma^2}\sum_{i=1}^n\|\boldsymbol{x}_i-\boldsymbol{\mu}\|^2\right) \\
&\stackrel{\boldsymbol{\mu}}{\propto} \exp\left(-\frac{n}{2\sigma^2}\left[\|\boldsymbol{\mu}\|^2 - 2\boldsymbol{\mu}^\top\left(\frac{1}{n}\sum_{i=1}^n\boldsymbol{x}_i\right)\right]\right) \\
&\stackrel{\boldsymbol{\mu}}{\propto} \exp\left(-\frac{n}{2\sigma^2}\|\boldsymbol{\mu}-\bar{\boldsymbol{x}}\|^2\right)
\end{aligned} \tag{3.17}$$

となります.ここで,

$$\bar{\boldsymbol{x}} = \frac{1}{n}\sum_{i=1}^n \boldsymbol{x}_i \tag{3.18}$$

とします．したがって，

$$p(\boldsymbol{\mu}|\boldsymbol{x}_{1:n},\sigma^2,\boldsymbol{\mu}_0,\sigma_0^2) \propto p(\boldsymbol{\mu},\boldsymbol{x}_{1:n}|\sigma^2,\boldsymbol{\mu}_0,\sigma_0^2) = p(\boldsymbol{x}_{1:n}|\boldsymbol{\mu},\sigma^2)p(\boldsymbol{\mu}|\boldsymbol{\mu}_0,\sigma_0^2)$$
$$\propto \exp\left(-\frac{n}{2\sigma^2}\|\boldsymbol{\mu}-\bar{\boldsymbol{x}}\|^2\right)\exp\left(-\frac{1}{2\sigma_0^2}\|\boldsymbol{\mu}-\boldsymbol{\mu}_0\|\right) \tag{3.19}$$

において，式 (3.15) と式 (3.16) で，$\boldsymbol{x}_1$ を $\bar{\boldsymbol{x}}$，σ^2 を σ^2/n とすれば，

$$p(\boldsymbol{\mu}|\boldsymbol{x}_{1:n},\sigma^2,\boldsymbol{\mu}_0,\sigma_0^2) = \mathcal{N}\left(\boldsymbol{\mu}\,\middle|\,\frac{\sigma_0^2}{\frac{\sigma^2}{n}+\sigma_0^2}\bar{\boldsymbol{x}} + \frac{\frac{\sigma^2}{n}}{\frac{\sigma^2}{n}+\sigma_0^2}\boldsymbol{\mu}_0, \left(\frac{1}{\sigma_0^2}+\frac{n}{\sigma^2}\right)^{-1}\boldsymbol{I}\right) \tag{3.20}$$

が得られます．

それでは予測分布の計算をしましょう．準備として以下の計算をしておきます．

$$\begin{aligned}
p(\boldsymbol{x}|\sigma^2,\boldsymbol{\mu}_0,\sigma_0^2) &= \int p(\boldsymbol{x}|\boldsymbol{\mu},\sigma^2)p(\boldsymbol{\mu}|\boldsymbol{\mu}_0,\sigma_0^2)d\boldsymbol{\mu} \\
&= \int \mathcal{N}(\boldsymbol{x}|\boldsymbol{\mu},\sigma^2\boldsymbol{I})\mathcal{N}(\boldsymbol{\mu}|\boldsymbol{\mu}_0,\sigma_0^2\boldsymbol{I})d\boldsymbol{\mu} \\
&\propto \int \exp\left(-\frac{1}{2}\left(\frac{1}{\sigma^2}\|\boldsymbol{x}-\boldsymbol{\mu}\|^2 + \frac{1}{\sigma_0^2}\|\boldsymbol{\mu}-\boldsymbol{\mu}_0\|^2\right)\right)d\boldsymbol{\mu} \\
&\propto \underbrace{\int \exp\left(-\frac{1}{2}\left(\frac{\sigma^2+\sigma_0^2}{\sigma^2\sigma_0^2}\left\|\boldsymbol{\mu}-\left(\frac{\sigma_0^2}{\sigma^2+\sigma_0^2}\boldsymbol{x}+\frac{\sigma^2}{\sigma^2+\sigma_0^2}\boldsymbol{\mu}_0\right)\right\|^2\right)\right)d\boldsymbol{\mu}}_{\boldsymbol{x}\text{ については定数となることに注意}} \\
&\quad \times \exp\left(-\frac{1}{2}\left(\frac{1}{\sigma^2}\|\boldsymbol{x}\|^2 - \frac{\sigma^2+\sigma_0^2}{\sigma^2\sigma_0^2}\left\|\frac{\sigma_0^2}{\sigma^2+\sigma_0^2}\boldsymbol{x}+\frac{\sigma^2}{\sigma^2+\sigma_0^2}\boldsymbol{\mu}_0\right\|^2\right)\right) \\
&\propto \exp\left(-\frac{1}{2(\sigma^2+\sigma_0^2)}\left(\|\boldsymbol{x}\|^2 - 2\boldsymbol{x}^\top\boldsymbol{\mu}_0\right)\right) \\
&\propto \exp\left(-\frac{1}{2(\sigma^2+\sigma_0^2)}\|\boldsymbol{x}-\boldsymbol{\mu}_0\|^2\right) \tag{3.21}
\end{aligned}$$

より，これはガウス分布であることがわかるので，正規化定数を求めるまでもなく

$$p(\boldsymbol{x}|\sigma^2, \boldsymbol{\mu}_0, \sigma_0^2) = \mathcal{N}(\boldsymbol{x}|\boldsymbol{\mu}_0, (\sigma^2 + \sigma_0^2)\boldsymbol{I}) \tag{3.22}$$

となることがわかります．したがって，予測分布の計算には，事前分布 $p(\boldsymbol{\mu}|\boldsymbol{\mu}_0, \sigma_0^2)$ の代わりに事後分布を用いればよいので，

$$\begin{aligned}
&p(\boldsymbol{x}_{n+1}|\boldsymbol{x}_{1:n}, \sigma^2, \boldsymbol{\mu}_0, \sigma_0^2) \\
&= \int p(\boldsymbol{x}_{n+1}|\boldsymbol{\mu}, \sigma^2) p(\boldsymbol{\mu}|\boldsymbol{x}_{1:n}, \boldsymbol{\mu}_0, \sigma^2, \sigma_0^2) d\boldsymbol{\mu} \\
&= \mathcal{N}\left(\boldsymbol{x}_{n+1} \left| \frac{\sigma_0^2}{\frac{\sigma^2}{n} + \sigma_0^2}\bar{\boldsymbol{x}} + \frac{\frac{\sigma^2}{n}}{\frac{\sigma^2}{n} + \sigma_0^2}\boldsymbol{\mu}_0, \left(\sigma^2 + \left(\frac{1}{\sigma_0^2} + \frac{n}{\sigma^2}\right)^{-1}\right)\boldsymbol{I}\right.\right)
\end{aligned} \tag{3.23}$$

となります．

3.4.2 平均 (μ) が固定で共分散行列 ($\sigma^2 \boldsymbol{I}$) が確率変数の場合

確率変数 σ^2 の事前分布として逆ガンマ分布を仮定します．すなわち，

$$\sigma^2 \sim \mathrm{IG}(\sigma^2|a_0, b_0),\ \mathrm{IG}(\sigma^2|a_0, b_0) = \frac{b_0^{a_0}}{\Gamma(a_0)}(\sigma^2)^{-a_0-1}\exp\left(-\frac{b_0}{\sigma^2}\right) \tag{3.24}$$

とします．グラフィカルモデルは図 3.1 (c) となります．

サンプル $\boldsymbol{x}_{1:n}$ が与えられたもとでの σ^2 の事後分布は

$$\begin{aligned}
p(\sigma^2|\boldsymbol{x}_{1:n}, \boldsymbol{\mu}, a_0, b_0) &\propto p(\sigma^2, \boldsymbol{x}_{1:n}|\boldsymbol{\mu}, a_0, b_0) \\
&= p(\boldsymbol{x}_{1:n}|\boldsymbol{\mu}, \sigma^2)p(\sigma^2|a_0, b_0) \\
&\propto (\sigma^2)^{-(a_0 + \frac{nD}{2})-1}\exp\left(-\frac{1}{\sigma^2}\left(b_0 + \frac{1}{2}\sum_{i=1}^n \|\boldsymbol{x}_i - \boldsymbol{\mu}\|^2\right)\right)
\end{aligned} \tag{3.25}$$

となります．式 (3.25) からもわかるとおり，これはまた逆ガンマ分布の形になっているので正規化定数の計算をするまでもなく

$$p(\sigma^2|\boldsymbol{x}_{1:n},\boldsymbol{\mu},a_0,b_0) = \mathrm{IG}\left(\sigma^2\bigg| a_0+\frac{nD}{2}, b_0+\frac{1}{2}\sum_{i=1}^{n}\|\boldsymbol{x}_i-\boldsymbol{\mu}\|^2\right) \quad (3.26)$$

となります.

ここで, $\tau = \frac{1}{\sigma^2}$ とおいた場合の τ の事後分布を考えましょう. このような τ は精度パラメータと呼ばれています. τ の事前分布としてはガンマ分布を仮定します. すなわち,

$$\tau \sim \mathrm{Ga}(a_0, b_0), \ \mathrm{Ga}(\tau|a_0, b_0) = \frac{b_0^{a_0}}{\Gamma(a_0)}\tau^{a_0-1}\exp(-b_0\tau) \quad (3.27)$$

とします.

式 (3.26) の場合とほとんど同様の計算で

$$p(\tau|\boldsymbol{x}_{1:n},\boldsymbol{\mu},a_0,b_0) = \mathrm{Ga}\left(\tau\bigg| a_0+\frac{nD}{2}, b_0+\frac{1}{2}\sum_{i=1}^{n}\|\boldsymbol{x}_i-\boldsymbol{\mu}\|^2\right) \quad (3.28)$$

となります.

それでは予測分布の計算をしましょう. 準備として以下の計算をしておきます.

$$\begin{aligned}
p(\boldsymbol{x}|\boldsymbol{\mu},a_0,b_0) &= \int p(\boldsymbol{x}|\boldsymbol{\mu},\tau)p(\tau|a_0,b_0)d\tau \\
&= \int \mathcal{N}(x|\boldsymbol{\mu},\tau^{-1}\boldsymbol{I})\mathrm{Ga}(\tau|a_0,b_0)d\tau \\
&= \int \left(\frac{\tau}{2\pi}\right)^{\frac{D}{2}}\exp\left(-\frac{\tau}{2}\|\boldsymbol{x}-\boldsymbol{\mu}\|^2\right)\cdot \frac{b_0^{a_0}}{\Gamma(a_0)}\tau^{a_0-1}\exp(-b_0\tau)d\tau \\
&= \frac{1}{(2\pi)^{\frac{D}{2}}}\frac{b_0^{a_0}}{\Gamma(a_0)}\underbrace{\int \tau^{a_0+\frac{D}{2}-1}\exp\left(-\tau\left(b_0+\frac{1}{2}\|\boldsymbol{x}-\boldsymbol{\mu}\|^2\right)\right)d\tau}_{\text{ガンマ分布の正規化定数が利用可能}} \\
&= \frac{1}{(2\pi)^{\frac{D}{2}}}\frac{b_0^{a_0}}{\Gamma(a_0)}\left(\frac{(b_0+\frac{1}{2}\|\boldsymbol{x}-\boldsymbol{\mu}\|^2)^{a_0+\frac{D}{2}}}{\Gamma\left(a_0+\frac{D}{2}\right)}\right)^{-1}
\end{aligned}$$

$$= \frac{1}{(2\pi b_0)^{\frac{D}{2}}} \frac{\Gamma\left(a_0 + \frac{D}{2}\right)}{\Gamma(a_0)} \frac{1}{\left(1 + \frac{1}{2b_0}\|\boldsymbol{x} - \boldsymbol{\mu}\|^2\right)^{a_0 + \frac{D}{2}}}$$

$$= \mathrm{St}\left(\boldsymbol{x}|\boldsymbol{\mu}, 2a_0, 2b_0\boldsymbol{I}\right) \tag{3.29}$$

より，スチューデント t 分布は，ガウス分布の精度パラメータをガンマ分布を事前分布として周辺化することで導出されます．

さて，予測分布は，$p(\tau|a_0, b_0)$ の代わりに τ の事後分布を使えばよいので，

$$p(\boldsymbol{x}_{n+1}|\boldsymbol{x}_{1:n}, \boldsymbol{\mu}, a_0, b_0) = \int p(\boldsymbol{x}_{n+1}|\boldsymbol{\mu}, \tau)p(\tau|\boldsymbol{x}_{1:n}, a_0, b_0)d\tau$$

$$= \mathrm{St}\left(\boldsymbol{x}_{n+1} \,\middle|\, \boldsymbol{\mu}, 2a_0 + n, 2b_0 + \sum_{i=1}^{n} \|\boldsymbol{x}_i - \boldsymbol{\mu}\|^2\right) \tag{3.30}$$

となります．

3.4.3 平均 (μ) および共分散行列 ($\sigma^2 I$) の両方が確率変数の場合

これまでみてきたように，尤度に対して事前分布を工夫して選べば，得られる事後分布が事前分布と同じ確率分布になり計算が容易になります．

それでは，平均 ($\boldsymbol{\mu}$) と共分散行列 ($\sigma^2 \boldsymbol{I}$) の両方が確率変数の場合に事後分布を求める場合の事前分布について説明します．以下，計算の利便性から分散 ($\sigma^2 \boldsymbol{I}$) ではなく精度行列 ($\tau \boldsymbol{I}$) を用います．$\boldsymbol{\mu}$ と τ に対して事前分布を

$$\boldsymbol{\mu} \sim \mathcal{N}(\boldsymbol{\mu}_0, (\rho_0 \underline{\underline{\tau}})^{-1}\boldsymbol{I}), \ \tau \sim \mathrm{Ga}(a_0, b_0) \tag{3.31}$$

と仮定します．

ポイントは，2 重線で示したように $\boldsymbol{\mu}$ と τ に対して独立した事前分布を仮定していないことです．このように関連付けることで，共役事前分布とすることができます．つまり，事前分布を

$$p(\boldsymbol{\mu}, \tau|\boldsymbol{\mu}_0, \rho_0, a_0, b_0) = p(\boldsymbol{\mu}|\boldsymbol{\mu}_0, \rho_0, \tau)p(\tau|a_0, b_0)$$

$$= \mathcal{N}(\boldsymbol{\mu}|\boldsymbol{\mu}_0, (\rho_0\tau)^{-1}\boldsymbol{I})\mathrm{Ga}(\tau|a_0, b_0) \tag{3.32}$$

とすることで，事後分布が式 (3.32) と同様の分布 (ガウス分布とガンマ分布の積) になることが期待できます．グラフィカルモデルは図 3.1 (d) となります．

それでは事後分布を求めましょう．

$p(\boldsymbol{\mu}, \tau | \boldsymbol{x}_{1:n}, \boldsymbol{\mu}_0, \rho_0, a_0, b_0)$

$\propto p(\boldsymbol{\mu}, \tau, \boldsymbol{x}_{1:n} | \boldsymbol{\mu}_0, \rho_0, a_0, b_0)$

$= \underline{p(\boldsymbol{x}_{1:n}|\boldsymbol{\mu},\tau)} \underbrace{p(\boldsymbol{\mu}|\boldsymbol{\mu}_0, \tau, \rho_0)} \underline{\underline{p(\tau|a_0, b_0)}}$

$\propto \underline{\tau^{\frac{nD}{2}} \exp\left(-\frac{\tau}{2}\sum_{i=1}^{n}\|\boldsymbol{x}_i - \boldsymbol{\mu}\|^2\right)} \underbrace{\tau^{\frac{D}{2}} \exp\left(-\frac{\rho_0 \tau}{2}\|\boldsymbol{\mu}-\boldsymbol{\mu}_0\|^2\right)} \underline{\underline{\tau^{a_0-1}\exp(-b_0\tau)}}$

$\left(\Bigg\Downarrow \begin{array}{l} \|\boldsymbol{x}_i - \boldsymbol{\mu}\|^2 = \|\boldsymbol{x}_i - \bar{\boldsymbol{x}} + \bar{\boldsymbol{x}} - \boldsymbol{\mu}\|^2 \\ \qquad\qquad = \|\boldsymbol{x}_i - \bar{\boldsymbol{x}}\|^2 + 2(\boldsymbol{x}_i-\bar{\boldsymbol{x}})^\top(\bar{\boldsymbol{x}}-\boldsymbol{\mu}) + \|\bar{\boldsymbol{x}}-\boldsymbol{\mu}\|^2, \\ \text{および} \quad \sum_{i=1}^{n}(\boldsymbol{x}_i - \bar{\boldsymbol{x}}) = 0 \text{ を用いて} \end{array} \right)$

$\propto \tau^{\frac{D}{2}} \exp\left(-\frac{\tau}{2}(\rho_0\|\boldsymbol{\mu}-\boldsymbol{\mu}_0\|^2 + n\|\bar{\boldsymbol{x}}-\boldsymbol{\mu}\|^2)\right)$

$\qquad \times \tau^{a_0 + \frac{nD}{2} - 1} \exp\left(-\tau\left(b_0 + \frac{1}{2}\sum_{i=1}^{n}\|\boldsymbol{x}_i - \bar{\boldsymbol{x}}\|^2\right)\right)$

$\left(\Bigg\Downarrow \begin{array}{l} -\frac{\tau}{2}(\rho_0\|\boldsymbol{\mu}-\boldsymbol{\mu}_0\|^2 + n\|\bar{\boldsymbol{x}}-\boldsymbol{\mu}\|^2) \\ = -\frac{\tau}{2}((\rho_0+n)\|\boldsymbol{\mu}\|^2 - 2(n\bar{\boldsymbol{x}}+\rho_0\boldsymbol{\mu}_0)^\top\boldsymbol{\mu} + \rho_0\|\boldsymbol{\mu}_0\|^2 + n\|\bar{\boldsymbol{x}}\|^2) \\ = -\frac{\tau(\rho_0+n)}{2}\|\boldsymbol{\mu} - (\frac{n}{n+\rho_0}\bar{\boldsymbol{x}} + \frac{\rho_0}{n+\rho_0}\boldsymbol{\mu}_0)\|^2 - \frac{n\rho_0\tau}{2(\rho_0+n)}\|\bar{\boldsymbol{x}}-\boldsymbol{\mu}_0\|^2 \end{array} \right)$

$\propto \mathcal{N}\left(\boldsymbol{\mu} \bigg| \frac{n}{n+\rho_0}\bar{\boldsymbol{x}} + \frac{\rho_0}{n+\rho_0}\boldsymbol{\mu}_0, (\tau(n+\rho_0))^{-1}\boldsymbol{I}\right)$

$\qquad \times \text{Ga}\left(\tau \bigg| a_0 + \frac{nD}{2}, b_0 + \frac{1}{2}\sum_{i=1}^{n}\|\boldsymbol{x}_i - \bar{\boldsymbol{x}}\|^2 + \frac{n\rho_0}{2(\rho_0+n)}\|\bar{\boldsymbol{x}}-\boldsymbol{\mu}_0\|^2\right)$

(3.33)

となります．$\int\int p(\boldsymbol{\mu},\tau|\boldsymbol{x}_{1:n},\boldsymbol{\mu}_0,\rho_0,a_0,b_0)d\boldsymbol{\mu}d\tau = 1$ となるために正規化定数の計算をする必要がありますが，

$\int\int \mathcal{N}\left(\boldsymbol{\mu} \bigg| \frac{n}{n+\rho_0}\bar{\boldsymbol{x}} + \frac{\rho_0}{n+\rho_0}\boldsymbol{\mu}_0, \tau(n+\rho_0)\right)$

$$\times \text{Ga}\left(\tau \,\middle|\, a_0 + \frac{nD}{2}, b_0 + \frac{1}{2}\sum_{i=1}^{n}\|\boldsymbol{x}_i - \bar{\boldsymbol{x}}\|^2 + \frac{n\rho_0}{2(\rho_0 + n)}\|\bar{\boldsymbol{x}} - \boldsymbol{\mu}_0\|^2\right) d\boldsymbol{\mu}d\tau$$
$$= \int \mathcal{N}\left(\boldsymbol{\mu} \,\middle|\, \frac{n}{n+\rho_0}\bar{\boldsymbol{x}} + \frac{\rho_0}{n+\rho_0}\boldsymbol{\mu}_0, \tau(n+\rho_0)\right) d\boldsymbol{\mu}$$
$$\times \int \text{Ga}\left(\tau \,\middle|\, a_0 + \frac{nD}{2}, b_0 + \frac{1}{2}\sum_{i=1}^{n}\|\boldsymbol{x}_i - \bar{\boldsymbol{x}}\|^2 + \frac{n\rho_0}{2(\rho_0 + n)}\|\bar{\boldsymbol{x}} - \boldsymbol{\mu}_0\|^2\right) d\tau$$
$$= 1 \tag{3.34}$$

なので，

$$p(\boldsymbol{\mu}, \tau | \boldsymbol{x}_{1:n}, \boldsymbol{\mu}_0, \rho_0, a_0, b_0)$$
$$= \mathcal{N}\left(\boldsymbol{\mu} \,\middle|\, \frac{n}{n+\rho_0}\bar{\boldsymbol{x}} + \frac{\rho_0}{n+\rho_0}\boldsymbol{\mu}_0, \tau(n+\rho_0)\right)$$
$$\times \text{Ga}\left(\tau \,\middle|\, a_0 + \frac{nD}{2}, b_0 + \frac{1}{2}\sum_{i=1}^{n}\|\boldsymbol{x}_i - \bar{\boldsymbol{x}}\|^2 + \frac{n\rho_0}{2(\rho_0 + n)}\|\bar{\boldsymbol{x}} - \boldsymbol{\mu}_0\|^2\right) \tag{3.35}$$

となります．ここから，それぞれの条件付き分布を計算することができます．$p(\boldsymbol{\mu}|\boldsymbol{x}_{1:n}, \tau, \boldsymbol{\mu}_0, \rho_0)$ は，容易に

$$p(\boldsymbol{\mu}|\boldsymbol{x}_{1:n}, \tau, \boldsymbol{\mu}_0, \rho_0) = \mathcal{N}\left(\boldsymbol{\mu} \,\middle|\, \frac{n}{n+\rho_0}\bar{\boldsymbol{x}} + \frac{\rho_0}{n+\rho_0}\boldsymbol{\mu}_0, \tau(n+\rho_0)\right) \tag{3.36}$$

が導けます．$p(\tau|\boldsymbol{x}_{1:n}, \boldsymbol{\mu}_0, \rho_0, a_0, b_0)$ は，$p(\boldsymbol{\mu}, \tau|\boldsymbol{x}_{1:n}, \boldsymbol{\mu}_0, \rho_0, a_0, b_0)$ から $\boldsymbol{\mu}$ を周辺化（積分消去）して

$$p(\tau|\boldsymbol{x}_{1:n}, \boldsymbol{\mu}_0, \rho_0, a_0, b_0)$$
$$= \int p(\boldsymbol{\mu}, \tau|\boldsymbol{x}_{1:n}, \boldsymbol{\mu}_0, \rho_0, a_0, b_0) d\boldsymbol{\mu}$$
$$= \text{Ga}\left(\tau \,\middle|\, a_0 + \frac{nD}{2}, b_0 + \frac{1}{2}\sum_{i=1}^{n}\|\boldsymbol{x}_i - \bar{\boldsymbol{x}}\|^2 + \frac{n\rho_0}{2(\rho_0 + n)}\|\bar{\boldsymbol{x}} - \boldsymbol{\mu}_0\|^2\right) \tag{3.37}$$

となります．

それでは予測分布の計算をしましょう．これまでの予測分布の計算方法が

役に立ちます．今までと同様に計算の準備のため次の計算をしておきます．

$$
\begin{aligned}
&p(\boldsymbol{x}|\boldsymbol{\mu}_0,\rho_0,a_0,b_0) \\
&= \int\int p(\boldsymbol{x}|\boldsymbol{\mu},\tau)p(\boldsymbol{\mu},\tau|\boldsymbol{\mu}_0,\rho_0,a_0,b_0)d\boldsymbol{\mu}d\tau \\
&= \int\int p(\boldsymbol{x}|\boldsymbol{\mu},\tau)p(\boldsymbol{\mu}|\boldsymbol{\mu}_0,\tau,\rho_0)p(\tau|a_0,b_0)d\boldsymbol{\mu}d\tau \\
&= \int\int \underline{\mathcal{N}(\boldsymbol{x}|\boldsymbol{\mu},\tau^{-1}\boldsymbol{I})\mathcal{N}(\boldsymbol{\mu}|\boldsymbol{\mu}_0,(\rho_0\tau)^{-1}\boldsymbol{I})d\boldsymbol{\mu}}\mathrm{Ga}(\tau|a_0,b_0)d\tau \\
&= \int \underline{\mathcal{N}(\boldsymbol{x}|\boldsymbol{\mu}_0,(\tau^{-1}+(\rho_0\tau)^{-1})\boldsymbol{I})}\mathrm{Ga}(\tau|a_0,b_0)d\tau \\
&\left(\Downarrow \tau^{-1}+(\rho_0\tau)^{-1})^{-1}=\frac{\rho_0}{\rho_0+1}\tau\text{を式}(3.29)\text{の}\tau\text{に代入して}\right) \\
&= \mathrm{St}\left(\boldsymbol{x}|\boldsymbol{\mu}_0, 2a_0, \left(1+\frac{1}{\rho_0}\right)2b_0\boldsymbol{I}\right) \quad (3.38)
\end{aligned}
$$

となります．

したがって，$p(\boldsymbol{\mu},\tau|\boldsymbol{\mu}_0,\rho_0,a_0,b_0)$ の代わりに事後分布 (3.35) を用いれば

$$p(\boldsymbol{x}_{n+1}|\boldsymbol{x}_{1:n},\boldsymbol{\mu}_0,\rho_0,a_0,b_0) = \mathrm{St}\left(\boldsymbol{x}|\boldsymbol{\mu}_n,a_n,\left(1+\frac{1}{n+\rho_0}\right)b_n\boldsymbol{I}\right), \quad (3.39)$$

$$\boldsymbol{\mu}_n = \frac{n}{n+\rho_0}\bar{\boldsymbol{x}} + \frac{\rho_0}{n+\rho_0}\boldsymbol{\mu}_0, \quad (3.40)$$

$$a_n = 2a_0 + nD, \quad (3.41)$$

$$b_n = 2b_0 + \sum_{i=1}^n \|\boldsymbol{x}_i - \bar{\boldsymbol{x}}\|^2 + \frac{n\rho_0}{\rho_0+n}\|\bar{\boldsymbol{x}} - \boldsymbol{\mu}_0\|^2 \quad (3.42)$$

となります．

3.5　周辺尤度

事前分布，尤度，事後分布，ベイズ予測分布について説明してきました．ここではベイズ推定で重要な最後の項目として，周辺尤度について説明します．周辺尤度に関しては，2.4 節（p.17 参照）でも簡単に触れましたが，ここではより詳しく説明します．

3.5 周辺尤度

ベイズの定理を用いると，事前分布 $p(\theta|\eta)$，尤度 $p(\boldsymbol{x}_{1:n}|\theta)$ としたとき，事後分布は

$$p(\theta|\boldsymbol{x}_{1:n}, \eta) = \frac{p(\boldsymbol{x}_{1:n}|\theta)p(\theta|\eta)}{p(\boldsymbol{x}_{1:n}|\eta)} \tag{3.43}$$

と計算できました．このとき，右辺の分母に出てくる $p(\boldsymbol{x}_{1:n}|\eta)$ を**周辺尤度** (marginal likelihood) と呼びます．周辺尤度という名前は，

$$p(\boldsymbol{x}_{1:n}|\eta) = \int p(\boldsymbol{x}_{1:n}|\theta)p(\theta|\eta)d\theta = \int p(\boldsymbol{x}_{1:n}, \theta|\eta)d\theta \tag{3.44}$$

のように事前分布による周辺化によって計算されることに由来します．

周辺尤度は，ベイズ推定において重要な役割を担っています．まず，事後分布の計算の難しさは，この周辺尤度が容易に計算できるかどうかに依存しています．事後分布が具体的に求まらない理由は，この周辺尤度が解析的に計算できないからです．数値計算的にもこの周辺尤度が高コストであるがために，効率的に事後分布を求めることができません．

また，この周辺尤度は，事前分布のパラメータの値を決める一つの指標としても重要な役割を果たします．周辺尤度が計算できる場合は，$p(\boldsymbol{x}_{1:n}|\eta)$ を最大にする η を求めることで，事前分布のパラメータ η を求めることができます[*2]．すなわち，$\eta^* = \mathrm{argmax}_\eta \log p(\boldsymbol{x}_{1:n}|\eta)$ として η^* を求め，η^* を用いて，事後分布 $p(\theta|\boldsymbol{x}_{1:n}, \eta^*)$ を計算し，予測分布 $p(x|\boldsymbol{x}_{1:n}, \eta^*)$ を求めることができます．このような方法を**経験ベイズ法** (empirical Bayes method) と呼びます．

ここでは，周辺尤度が計算できる場合の一般的な計算方法について説明します．一般論を説明する前に，多項分布とディリクレ分布を用いたサイコロの生成モデルの具体例から始めます．以下の $\boldsymbol{z}_{1:n}$ の生成過程：

$$z_i \sim \mathrm{Multi}(\boldsymbol{\pi}) \ (i=1,\ldots,n), \ \boldsymbol{\pi} \sim \mathrm{Dir}(\boldsymbol{\alpha}) \tag{3.45}$$

を考えます．

[*2] 複雑なモデルになると周辺尤度を計算できることができなくなるので，近似された周辺尤度を用いることが多いです．

Chapter 3 ベイズ推定

$\boldsymbol{\pi}$ に関して事前分布で周辺化を行って $p(\boldsymbol{z}_{1:n}|\boldsymbol{\alpha})$ を計算してみましょう．

$$
\begin{aligned}
p(\boldsymbol{z}_{1:n}|\boldsymbol{\alpha}) &= \int p(\boldsymbol{z}_{1:n}|\boldsymbol{\pi})p(\boldsymbol{\pi}|\boldsymbol{\alpha})d\boldsymbol{\pi} = \int \left(\prod_{i=1}^{n} p(z_i|\boldsymbol{\pi})\right) p(\boldsymbol{\pi}|\boldsymbol{\alpha})d\boldsymbol{\pi} \\
&= \int \left(\prod_{i=1}^{n} \mathrm{Multi}(z_i|\boldsymbol{\pi})\right) \mathrm{Dir}(\boldsymbol{\pi}|\boldsymbol{\alpha})d\boldsymbol{\pi} \\
&= \int \left(\prod_{i=1}^{n}\prod_{k=1}^{K} \pi_k^{\delta(z_i=k)}\right) \frac{\Gamma(\sum_{k=1}^{K} \alpha_k)}{\prod_{k=1}^{K} \Gamma(\alpha_k)} \prod_{k=1}^{K} \pi_k^{\alpha_k-1} d\boldsymbol{\pi} \\
&= \frac{\Gamma(\sum_{k=1}^{K} \alpha_k)}{\prod_{k=1}^{K} \Gamma(\alpha_k)} \underbrace{\int \prod_{k=1}^{K} \pi_k^{\alpha_k + \sum_{i=1}^{n} \delta(z_i=k) - 1} d\boldsymbol{\pi}}_{}
\end{aligned}
$$

$$
\left(\Downarrow \begin{array}{l} \text{波線部の計算は} \\ 1 = \int \mathrm{Dir}(\boldsymbol{\pi}|\boldsymbol{\alpha})d\boldsymbol{\pi} \\ 1 = \int \frac{\Gamma(\sum_{k=1}^{K}\alpha_k)}{\prod_{k=1}^{K}\Gamma(\alpha_k)} \prod_{k=1}^{K} \pi_k^{\alpha_k-1} d\boldsymbol{\pi} \\ \frac{\prod_{k=1}^{K}\Gamma(\alpha_k)}{\Gamma(\sum_{k=1}^{K}\alpha_k)} = \int \prod_{k=1}^{K} \pi_k^{\alpha_k-1} d\boldsymbol{\pi} \\ \text{なので，} \alpha_k \text{の代わりに} \\ \alpha_k + \sum_{i=1}^{n} \delta(z_i=k) = \alpha_k + n_k \text{を用いれば} \end{array}\right)
$$

$$
\begin{aligned}
&= \frac{\Gamma(\sum_{k=1}^{K}\alpha_k)}{\prod_{k=1}^{K}\Gamma(\alpha_k)} \underbrace{\frac{\prod_{k=1}^{K}\Gamma(n_k+\alpha_k)}{\Gamma(n+\sum_{k=1}^{K}\alpha_k)}}_{} \\
&= \frac{\Gamma(\sum_{k=1}^{K}\alpha_k)}{\Gamma(n+\sum_{k=1}^{K}\alpha_k)} \prod_{k=1}^{K} \frac{\Gamma(n_k+\alpha_k)}{\Gamma(\alpha_k)}
\end{aligned} \tag{3.46}
$$

となります．

さて，このように周辺尤度をモデルごとに計算していくのもよいですが，一般化することで計算をある程度省くことができます．それでは，周辺尤度の計算方法について説明します．

まず，事前分布および尤度が

$$p(\theta|\eta) = \frac{1}{Z_0}\tilde{p}(\theta|\eta), \tag{3.47}$$

$$p(\boldsymbol{x}_{1:n}|\theta) = \frac{1}{Z_\ell}\tilde{p}(\boldsymbol{x}_{1:n}|\theta) \tag{3.48}$$

と書けるとします．ここで，Z_0 や Z_ℓ はそれぞれの $\boldsymbol{\theta}$, $\boldsymbol{x}_{1:n}$ を含まない正規化因子です．$\tilde{p}(\theta|\eta)$ や $\tilde{p}(\boldsymbol{x}_{1:n}|\theta)$ は，これまで，$p(\theta|\eta) \propto \tilde{p}(\theta|\eta)$, $p(\boldsymbol{x}_{1:n}|\theta) \propto \tilde{p}(\boldsymbol{x}_{1:n}|\theta)$ などと比例計算で扱ってきた部分になります．

事後分布は

$$p(\theta|\boldsymbol{x}_{1:n},\eta) \propto p(\boldsymbol{x}_{1:n}|\theta)p(\theta|\eta) \propto \tilde{p}(\boldsymbol{x}_{1:n}|\theta)\tilde{p}(\theta|\eta) \tag{3.49}$$

と計算できるので，θ を含まない正規化因子を集めたものを Z_n として

$$p(\theta|\boldsymbol{x}_{1:n},\eta) = \frac{1}{Z_n}\tilde{p}(\boldsymbol{x}_{1:n}|\theta)\tilde{p}(\theta|\eta) \tag{3.50}$$

と書くことができます．

このとき

$$p(\theta|\boldsymbol{x}_{1:n},\eta) = \frac{p(\boldsymbol{x}_{1:n}|\theta)p(\theta|\eta)}{p(\boldsymbol{x}_{1:n}|\eta)} \tag{3.51}$$

に式 (3.47)〜(3.50) をそれぞれ代入すると

$$p(\boldsymbol{x}_{1:n}|\eta) = \frac{Z_n}{Z_0 Z_\ell} \tag{3.52}$$

となります．したがって，それぞれの正規化因子を用いれば，これは容易に計算できます．

生成過程 (3.45) について，式 (3.52) を用いて周辺尤度を計算してみましょう．まず事前分布は

$$p(\boldsymbol{\pi}|\boldsymbol{\alpha}) = \frac{\Gamma(\sum_{k=1}^{K}\alpha_k)}{\prod_{k=1}^{K}\Gamma(\alpha_k)} \prod_{k=1}^{K} \pi_k^{\alpha_k-1} \tag{3.53}$$

より，π を含まない正規化因子は

$$Z_0 = \frac{\prod_{k=1}^{K} \Gamma(\alpha_k)}{\Gamma(\sum_{k=1}^{K} \alpha_k)} \tag{3.54}$$

となります．

次に，尤度について

$$p(\boldsymbol{z}_{1:n}|\boldsymbol{\pi}) = \prod_{i=1}^{n} \prod_{k=1}^{K} \pi_k^{\delta(z_i=k)} \tag{3.55}$$

より，$\boldsymbol{z}_{1:n}$ にを含まない正規化因子は $Z_\ell = 1$ となります．

最後に，事後分布について

$$p(\boldsymbol{\pi}|\boldsymbol{\alpha}) = \frac{\Gamma(\sum_{k=1}^{K}(\alpha_k + n_k))}{\prod_{k=1}^{K} \Gamma(\alpha_k + n_k)} \prod_{k=1}^{K} \pi_k^{\alpha_k + n_k - 1} \tag{3.56}$$

より，π を含まない正規化因子は

$$Z_n = \frac{\prod_{k=1}^{K} \Gamma(\alpha_k + n_k)}{\Gamma(\sum_{k=1}^{K}(\alpha_k + n_k))} \tag{3.57}$$

となります．

したがって，

$$p(\boldsymbol{z}_{1:n}|\boldsymbol{\alpha}) = \frac{Z_n}{Z_0 Z_\ell} \tag{3.58}$$

を計算すれば，式 (3.46) となることがわかります．

それでは，生成モデル：

$$\boldsymbol{x}_i \sim \mathcal{N}(\boldsymbol{\mu}, \tau^{-1}\boldsymbol{I}) \ (i=1,\ldots,n), \ \boldsymbol{\mu} \sim \mathcal{N}(\boldsymbol{\mu}_0, (\rho_0\tau)^{-1}\boldsymbol{I}), \ \tau \sim \text{Ga}(a_0, b_0) \tag{3.59}$$

の周辺尤度を計算してみましょう．

まず，事前分布について

$$p(\boldsymbol{\mu}, \tau|\boldsymbol{\mu}_0, \rho_0) = \mathcal{N}(\boldsymbol{\mu}|\boldsymbol{\mu}_0, (\rho_0\tau)^{-1}\boldsymbol{I})\text{Ga}(\tau|a_0, b_0)$$

$$= \frac{1}{(\sqrt{2\pi})^D} \rho_0^{\frac{D}{2}} \tau^{\frac{D}{2}} \exp\left(-\frac{1}{2}\rho_0 \tau \|\boldsymbol{\mu} - \boldsymbol{\mu}_0\|^2\right)$$

$$\times \frac{b_0^{a_0}}{\Gamma(a_0)} \tau^{a_0 - 1} \exp\left(-b_0 \tau\right) \tag{3.60}$$

より，正規化因子は

$$Z_0 = (\sqrt{2\pi})^D \rho_0^{-\frac{D}{2}} \frac{\Gamma(a_0)}{b_0^{a_0}} \tag{3.61}$$

となります．

次に，尤度について

$$p(\boldsymbol{x}_{1:n}|\boldsymbol{\mu}, \tau) = \frac{1}{(\sqrt{2\pi})^{nD}} \tau^{\frac{nD}{2}} \exp\left(-\frac{1}{2}\sum_{i=1}^{n} \tau \|\boldsymbol{x}_i - \boldsymbol{\mu}\|^2\right) \tag{3.62}$$

より，正規化因子は

$$Z_\ell = (\sqrt{2\pi})^{nD} \tag{3.63}$$

となります．

最後に，事後分布について

$$p(\boldsymbol{\mu}, \tau | \boldsymbol{x}_{1:n}, \boldsymbol{\mu}_0, \rho_0, a_0, b_0) = \mathcal{N}\left(\boldsymbol{\mu} \,\middle|\, \boldsymbol{\mu}_n, (\rho_n \tau)^{-1} \boldsymbol{I}\right) \mathrm{Ga}\left(\tau \,\middle|\, a_n, b_n\right) \tag{3.64}$$

より，

$$\boldsymbol{\mu}_n = \frac{n}{n + \rho_0} \bar{\boldsymbol{x}} + \frac{\rho_0}{n + \rho_0} \boldsymbol{\mu}_0, \tag{3.65}$$

$$\rho_n = n + \rho_0, \tag{3.66}$$

$$a_n = a_0 + \frac{nD}{2}, \tag{3.67}$$

$$b_n = b_0 + \frac{1}{2}\sum_{i=1}^{n} \|\boldsymbol{x}_i - \bar{\boldsymbol{x}}\|^2 + \frac{n\rho_0}{2(\rho_0 + n)} \|\bar{\boldsymbol{x}} - \boldsymbol{\mu}_0\|^2 \tag{3.68}$$

とすると，事前分布のときと同様に正規化因子は

$$Z_n = (\sqrt{2\pi})^D \rho_n^{-\frac{D}{2}} \frac{\Gamma(a_n)}{b_n^{a_n}} \tag{3.69}$$

となります．

したがって，周辺尤度は

$$\begin{aligned}
p(\bm{x}_{1:n}|\bm{\mu}_0, \rho_0, a_0, b_0) &= \frac{Z_n}{Z_0 Z_\ell} \\
&= \rho_n^{-\frac{D}{2}} \frac{\Gamma(a_n)}{b_n^{a_n}} \rho_0^{\frac{D}{2}} \frac{b_0^{a_0}}{\Gamma(a_0)} (\sqrt{2\pi})^{-nD} \\
&= \left(\frac{\rho_0}{\rho_n}\right)^{\frac{D}{2}} \frac{b_0^{a_0}}{b_n^{a_n}} \frac{\Gamma(a_n)}{\Gamma(a_0)} (\sqrt{2\pi})^{-nD}
\end{aligned} \quad (3.70)$$

となります．

Chapter 4

クラスタリング

> 本章では，ノンパラメトリックベイズモデルの準備として，有限混合モデルによるクラスタリングについて説明します．クラスタリングとは，類似したデータを同一のクラスに分類するデータマイニング技術の一つです．クラスタリングは，ノンパラメトリックベイズモデルの最も基本的な応用例です．まず，クラスタリングの代表的な手法である K–平均アルゴリズムについて説明し，そのベイズモデルである有限混合ガウスモデルについて説明します．

4.1　K–平均アルゴリズム

　K–平均アルゴリズムでは，あらかじめ与えられたクラス数 K 個に各データ点を分類します．各クラスを代表する点を $\boldsymbol{\mu}_k \in \mathbb{R}^d$ $(k=1,2,\ldots,K)$ とします．各データ点 $\boldsymbol{x}_i \in \mathbb{R}^d$ は，$\boldsymbol{\mu}_k$ との類似度が高いクラスへ分類されます．具体的には，$\boldsymbol{x}_i$ と $\boldsymbol{\mu}_k$ との間の距離を定義し，距離が近い（類似度が高い）クラスへと分類します．K–平均アルゴリズムでは，距離の尺度として平方ユークリッド距離を用います．

　データ点 $\boldsymbol{x}_i$ が属するのがクラス k であるとき，変数 $z_i \in \{1,2,\ldots,K\}$ を導入して $z_i = k$ と表現します．各データ点のクラス情報があらかじめ与えられていないことを仮定しているので，z_i は「データが潜在的に持っている情報」という意味で**潜在変数** (latent variable) と呼ばれます．または，隠れた変数なので**隠れ変数** (hidden variable) とも呼ばれます．

Chapter 4 クラスタリング

K-平均アルゴリズムは，各クラス内の平均ベクトルとそのクラス内でのデータ点との平方ユークリッド距離が小さくなるように，$z_{1:K} = (z_1, z_2, \ldots, z_n)$ と $\mu_{1:K} = (\mu_1, \mu_2, \ldots, \mu_K)$ を求めるアルゴリズムです．実際には，最適化問題：

$$(z_{1:n}^*, \mu_{1:K}^*) = \operatorname*{argmin}_{z_{1:n}, \mu_{1:K}} \sum_{i=1}^{n} \sum_{k=1}^{K} \delta(z_i = k) \|x_i - \mu_k\|^2 \qquad (4.1)$$

によって定式化されます．具体的なアルゴリズムは以下です．

アルゴリズム 4.1 K-平均クラスタリング法

(1) K を決める．
(2) μ_k ($k = 1, 2, \ldots, K$) を乱数を用いて初期化する．または，z_i ($i = 1, 2, \ldots, n$) を乱数を用いて初期化し，式 (4.2) を用いて μ_k を初期化する．
(3) 以下を最適化問題 (4.1) の目的関数が閾値以下になるまで繰り返す．

　(i) $z_i = \operatorname{argmin}_k \|x_i - \mu_k\|^2$
　(ii) μ_k ($k = 1, 2, \ldots, K$) をそれぞれ次のように更新する．

$$\mu_k = \frac{1}{n_k} \sum_{i:z_i=k} x_i \qquad (4.2)$$

ここで，$n_k = \sum_{i=1}^{n} \delta(z_i = k)$ とする．$\delta(z_i = k)$ は，データ点 x_i のクラスが k のとき 1 をとるので，その全データ ($i = 1, \ldots, n$) での総和を意味する n_k は，クラス k に属するデータ点の数となる．

4.2 混合ガウスモデルのギブスサンプリングによるクラスタリング

最適化問題 (4.1) の目的関数は,

$$\sum_{i=1}^{n}\sum_{k=1}^{K}\delta(z_i=k)\|\boldsymbol{x}_i-\boldsymbol{\mu}_k\|^2$$

$$=-\sum_{i=1}^{n}\sum_{k=1}^{K}\delta(z_i=k)\left(-\frac{1}{2}\|\boldsymbol{x}_i-\boldsymbol{\mu}_k\|^2\right)$$

$$=-\left(nD\log(\sqrt{2\pi})+\sum_{i=1}^{n}\sum_{k=1}^{K}\delta(z_i=k)\log\mathcal{N}(\boldsymbol{x}_i|\boldsymbol{\mu}_k,\boldsymbol{I})\right)$$

$$=-\left(nD\log(\sqrt{2\pi})+\log\prod_{i=1}^{n}\mathcal{N}(\boldsymbol{x}_i|\boldsymbol{\mu}_{z_i},\boldsymbol{I})\right) \tag{4.3}$$

と変形できるので,最適化問題 (4.1) は,

$$(\boldsymbol{z}_{1:n}^{*},\boldsymbol{\mu}_{1:K}^{*})=\operatorname*{argmax}_{\boldsymbol{z}_{1:n},\boldsymbol{\mu}_{1:K}}\log\prod_{i=1}^{n}\mathcal{N}(\boldsymbol{x}_i|\boldsymbol{\mu}_{z_i},\boldsymbol{I}) \tag{4.4}$$

と書き換えることができます[*1].

$\mathcal{N}(\boldsymbol{x}_i|\boldsymbol{\mu}_{z_i},\boldsymbol{I})$ は,平均 $\boldsymbol{\mu}_{z_i}$,共分散行列 $\boldsymbol{I}$ のガウス分布から $\boldsymbol{x}_i$ が生成されたと仮定した場合の生成確率で,$\prod_{i=1}^{n}\mathcal{N}(\boldsymbol{x}_i|\boldsymbol{\mu}_{z_i},\boldsymbol{I})$ は,$\boldsymbol{z}_{1:n}$ および $\boldsymbol{\mu}_{1:K}$ が与えられたもとでの $\boldsymbol{x}_{1:n}$ の結合確率で**尤度**と呼ばれています.また,$\log\prod_{i=1}^{n}\mathcal{N}(\boldsymbol{x}_i|\boldsymbol{\mu}_{z_i},\boldsymbol{I})$ は**対数尤度**と呼ばれています.

アルゴリズム 4.1 (3) (i) は

$$z_i=\operatorname*{argmin}_{k}\|\boldsymbol{x}_i-\boldsymbol{\mu}_k\|^2=\operatorname*{argmax}_{k}-\frac{1}{2}\|\boldsymbol{x}_i-\boldsymbol{\mu}_k\|^2$$
$$=\operatorname*{argmax}_{k}\log\mathcal{N}(\boldsymbol{x}_i|\boldsymbol{\mu}_k,\boldsymbol{I}) \tag{4.5}$$

と書き換えることができます.また,アルゴリズム 4.1 (3) (ii) は,$\boldsymbol{z}_{1:K}$ が

[*1] 負の符号により min が max と変わっています.

与えられたもとでの対数尤度 $\log \prod_{i=1}^{n} \mathcal{N}(\bm{x}_i|\bm{\mu}_{z_i}, \bm{I})$ の最大化問題：

$$\underset{\bm{\mu}_{1:K}}{\operatorname{argmax}} \log \prod_{i=1}^{n} \mathcal{N}(\bm{x}_i|\bm{\mu}_{z_i}, \bm{I}) \tag{4.6}$$

の解であることがわかります．すなわち，K-平均クラスタリング法は，K個のガウス分布 $\mathcal{N}(\bm{x}_i|\bm{\mu}_k, \bm{I})$ の中から最も対数尤度が高い分布をデータごとに選択し，$\bm{z}_{1:K}$ が与えられたもとで $\bm{\mu}_k$ を最尤推定していることに対応します．

ここまでの議論で，K-平均クラスタリング法は，分散固定の混合ガウスモデルであると考えることができます．また，平均パラメータ $\bm{\mu}_{1:K}$ やクラス割り当て $\bm{z}_{1:n}$ は，それぞれ貪欲的に（決定的に）最もデータの尤度が高くなるように推定されていることがわかりました．このような方法の問題点として，解が局所最適解に陥りやすいという問題があります．以下では，分散の推定および平均パラメータやクラス割り当てなどを確率的に推定する方法を考えてみます．確率的に推定することで，局所最適解から確率的に抜け出すアルゴリズムを構成することができます．

それでは，混合ガウスモデルとギブスサンプリングに基づくクラスタリングについて説明します．

4.2.1 分散固定の場合

まずは，K-平均クラスタリング法との比較を容易にするために，分散固定の場合のギブスサンプリングを導出します．

データ $\bm{x}_{1:n}$ が

$$\begin{aligned}
&\text{For } i = 1, 2, \ldots, n: \\
&\quad \bm{x}_i \sim \mathcal{N}(\bm{\mu}_{z_i}, \bm{I}), \ z_i \sim \text{Multi}(\bm{\pi}_0) \\
&\text{For } k = 1, 2, \ldots, K: \\
&\quad \bm{\mu}_k \sim \mathcal{N}(\bm{\mu}_0, \sigma_0^2 \bm{I})
\end{aligned} \tag{4.7}$$

と生成されたと仮定します．グラフィカルモデルは図 **4.1** (a) となります．

K-平均クラスタリング法では，$\bm{x}_i$ の分布にガウス分布を仮定しているだ

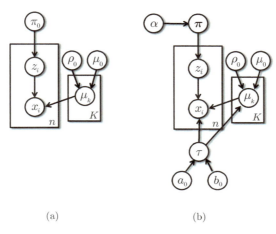

図 4.1　グラフィカルモデルの例.

けでしたが，$\boldsymbol{\mu}_k$ の事後分布を計算するために $\boldsymbol{\mu}_k$ の事前分布としてガウス分布を仮定しています．また，z_i に対しても分布を仮定し，多項分布から生成されるモデルを仮定しています．$\boldsymbol{\mu}_0$, σ_0^2, $\boldsymbol{\pi}_0$ は事前分布のパラメータなので，ハイパーパラメータになります．例えば，$\boldsymbol{\mu}_0 = \boldsymbol{0}$，$\sigma_0 = 1$，$\pi_{0,k} = 1/K$ などとします．これは，$\boldsymbol{\mu}_k$ に対しては事前分布として標準ガウス分布を，z_i に関しては，一様分布を仮定したことになります．

それでは，ギブスサンプリングを用いて事後分布 $p(\boldsymbol{z}_{1:n}, \boldsymbol{\mu}_{1:K}|\boldsymbol{x}_{1:n}, \boldsymbol{\pi}_0, \boldsymbol{\mu}_0, \sigma_0^2)$ からのサンプルを生成しましょう．各々の条件付き分布が解析的に計算可能であるならば

$$z_i \sim p(z_i|\boldsymbol{x}_{1:n}, \boldsymbol{z}_{1:n}^{\setminus i}, \boldsymbol{\mu}_{1:K}, \boldsymbol{\pi}_0, \boldsymbol{\mu}_0, \sigma_0^2), \tag{4.8}$$

$$\boldsymbol{\mu}_k \sim p(\boldsymbol{\mu}_k|\boldsymbol{x}_{1:n}, \boldsymbol{z}_{1:n}, \boldsymbol{\mu}_{1:K}^{\setminus k}, \boldsymbol{\pi}_0, \boldsymbol{\mu}_0, \sigma_0^2) \ (k = 1, 2, \ldots, K) \tag{4.9}$$

としてサンプリングすることができます．以下，各々の条件付き分布を具体的に計算していきましょう．

ギブスサンプリング導出のポイントをまとめておきます．

> **ギブスサンプリング導出のポイント**
>
> - 結合分布を計算する.
> - グラフィカルモデルと条件付き独立性およびベイズの定理による図 2.3 の 3 パターンを用いて,結合分布を条件付き分布の積に分解する.
> - 条件付き分布の積から対象とする確率変数に関係のある部分のみ残して条件付き分布を計算する.

準備としてすべての確率変数の結合分布をグラフィカルモデルをもとに計算しておきます.グラフィカルモデルの矢印を逆にたどっていき,線でつながっている確率変数同士を条件付き分布で表現していきます.結合分布は,

$$
\begin{aligned}
&p(\boldsymbol{x}_{1:n}, \boldsymbol{z}_{1:n}, \boldsymbol{\mu}_{1:K}|\boldsymbol{\mu}_0, \sigma_0^2, \boldsymbol{\pi}_0) \\
&= p(\boldsymbol{x}_{1:n}|\boldsymbol{z}_{1:n}, \boldsymbol{\mu}_{1:K})p(\boldsymbol{z}_{1:n}|\boldsymbol{\pi}_0)p(\boldsymbol{\mu}_{1:K}|\boldsymbol{\mu}_0, \sigma_0^2) \\
&= \left[\prod_{i=1}^n p(\boldsymbol{x}_i|z_i, \boldsymbol{\mu}_{1:K})p(z_i|\boldsymbol{\pi}_0)\right]\prod_{k=1}^K p(\boldsymbol{\mu}_k|\boldsymbol{\mu}_0, \sigma_0^2)
\end{aligned}
\quad (4.10)
$$

となります.

まずは,z_i に関する条件付き分布を計算します.結合分布 (4.10) の計算に帰着させた後は,z_i に関係のある分布のみまとめていきます.すなわち,

$$
\begin{aligned}
&p(z_i = k|\boldsymbol{x}_{1:n}, \boldsymbol{z}_{1:n}^{\setminus i}, \boldsymbol{\mu}_{1:K}, \boldsymbol{\mu}_0, \sigma_0^2, \boldsymbol{\pi}_0) \\
&= \frac{p(z_i = k, \boldsymbol{x}_{1:n}, \boldsymbol{z}_{1:n}^{\setminus i}, \boldsymbol{\mu}_{1:K}, \boldsymbol{\mu}_0, \sigma_0^2, \boldsymbol{\pi}_0)}{p(\boldsymbol{x}_{1:n}, \boldsymbol{z}_{1:n}^{\setminus i}, \boldsymbol{\mu}_{1:K}, \boldsymbol{\mu}_0, \sigma_0^2, \boldsymbol{\pi}_0)} \\
&\propto p(z_i = k, \boldsymbol{x}_{1:n}, \boldsymbol{z}_{1:n}^{\setminus i}, \boldsymbol{\mu}_{1:K}, \boldsymbol{\mu}_0, \sigma_0^2, \boldsymbol{\pi}_0) \\
&\propto p(\boldsymbol{x}_i|z_i = k, \boldsymbol{\mu}_{1:K})p(z_i = k|\boldsymbol{\pi}_0)
\end{aligned}
\quad (4.11)
$$

から,z_i の条件付き分布は,$\boldsymbol{x}_i$,$\boldsymbol{\mu}_{1:K}$,$\boldsymbol{\pi}_0$ のみに依存するので,

$$
p(z_i = k|\boldsymbol{x}_{1:n}, \boldsymbol{z}_{1:n}^{\setminus i}, \boldsymbol{\mu}_{1:K}, \boldsymbol{\mu}_0, \sigma_0^2, \boldsymbol{\pi}_0) = p(z_i = k|\boldsymbol{x}_i, \boldsymbol{\mu}_{1:K}, \boldsymbol{\pi}_0) \quad (4.12)
$$

となることがわかります.

計算に慣れてくると,グラフィカルモデル上で z_i と依存関係からすぐに計算できるようになるはずです.また,得られた結果をグラフィカルモデルと

照らし合わせて検算することを心がけると，計算の間違いに気づくことがあります．

式 (4.11) は正規化定数の計算を含んでいないため，正規化定数を計算する必要があります [*2]．$\sum_{k=1}^{K} p(z_i = k|\boldsymbol{x}_i, \boldsymbol{\mu}_{1:K}, \boldsymbol{\pi}_0) = 1$ という条件から

$$
\begin{aligned}
p(z_i = k|\boldsymbol{x}_i, \boldsymbol{\mu}_{1:K}, \boldsymbol{\pi}_0) &= \frac{p(\boldsymbol{x}_i|z_i = k, \boldsymbol{\mu}_{1:K})p(z_i = k|\boldsymbol{\pi}_0)}{\sum_{k'=1}^{K} p(\boldsymbol{x}_i|z_i = k', \boldsymbol{\mu}_{1:K})p(z_i = k'|\boldsymbol{\pi}_0)} \\
&= \frac{\mathcal{N}(\boldsymbol{x}_i|\boldsymbol{\mu}_k, \boldsymbol{I})/K}{\sum_{k'=1}^{K} \mathcal{N}(\boldsymbol{x}_i|\boldsymbol{\mu}_{k'}, \boldsymbol{I})/K} = \frac{\mathcal{N}(\boldsymbol{x}_i|\boldsymbol{\mu}_k, \boldsymbol{I})}{\sum_{k'=1}^{K} \mathcal{N}(\boldsymbol{x}_i|\boldsymbol{\mu}_{k'}, \boldsymbol{I})}
\end{aligned}
\tag{4.13}
$$

となります．

次に，$\boldsymbol{\mu}_k$ に関する条件付き分布を計算しましょう．結合分布 (4.10) の計算に帰着させた後は，$\boldsymbol{\mu}_k$ に関係のある分布のみまとめていきます．まず，

$$
\begin{aligned}
p(\boldsymbol{\mu}_k&|\boldsymbol{x}_{1:n}, \boldsymbol{z}_{1:n}, \boldsymbol{\mu}_{1:K}^{\backslash k}, \boldsymbol{\mu}_0, \sigma_0^2, \boldsymbol{\pi}_0) \\
&\propto p(\boldsymbol{\mu}_k, \boldsymbol{x}_{1:n}, \boldsymbol{z}_{1:n}, \boldsymbol{\mu}_{1:K}^{\backslash k}|\boldsymbol{\mu}_0, \sigma_0^2, \boldsymbol{\pi}_0) \\
&= \left[\prod_{i=1}^{n} p(\boldsymbol{x}_i|z_i, \boldsymbol{\mu}_k)^{\delta(z_i=k)}\right] p(\boldsymbol{\mu}_k|\boldsymbol{\mu}_0, \sigma_0^2) \\
&= \left[\prod_{i=1}^{n} \mathcal{N}(\boldsymbol{x}_i|\boldsymbol{\mu}_k, \boldsymbol{I})^{\delta(z_i=k)}\right] \mathcal{N}(\boldsymbol{\mu}_k|\boldsymbol{\mu}_0, \sigma_0^2 \boldsymbol{I})
\end{aligned}
\tag{4.14}
$$

となります．さらに $\boldsymbol{\mu}_k$ についてまとめていきたいので，ガウス分布の積を考えると式 (3.36)（p.33 参照）の計算と同様に

$$
\begin{aligned}
&\left[\prod_{i=1}^{n} \mathcal{N}(\boldsymbol{x}_i|\boldsymbol{\mu}_k, \boldsymbol{I})^{\delta(z_i=k)}\right] \mathcal{N}(\boldsymbol{\mu}_k|\boldsymbol{\mu}_0, \sigma_0 \boldsymbol{I}) \\
&\propto \mathcal{N}\left(\boldsymbol{\mu}_k \middle| \frac{n_k}{n_k + \sigma_0^2}\bar{\boldsymbol{x}}_k + \frac{\sigma_0^2}{n_k + \sigma_0^2}\boldsymbol{\mu}_0, (n_k + \sigma_0^2)^{-1}\boldsymbol{I}\right)
\end{aligned}
\tag{4.15}
$$

となります．ここで

[*2] 一般に $p(z = k) \propto v_k$ のとき，定数 C を用いて $p(z = k) = Cv_k$ とすれば，$\sum_k p(z = k) = 1$ より $\sum_k Cv_k = 1$ なので $C = \frac{1}{\sum_k v_k}$ となり $p(z = k) = \frac{v_k}{\sum_k v_k}$ とすればよいのです．

としました.

また，この計算結果からもわかるとおり，条件部分の依存関係は

$$p(\boldsymbol{\mu}_k|\boldsymbol{x}_{1:n}, \boldsymbol{z}_{1:n}, \boldsymbol{\mu}_{1:K}^{\backslash k}, \boldsymbol{\mu}_0, \sigma_0^2, \boldsymbol{\pi}_0) = p(\boldsymbol{\mu}_k|\boldsymbol{x}_{1:n}, \boldsymbol{z}_{1:n}, \boldsymbol{\mu}_0, \sigma_0^2) \quad (4.17)$$

となります．したがって，ギブスサンプリングに必要な条件付き分布は

$$p(\boldsymbol{\mu}_k|\boldsymbol{x}_{1:n}, \boldsymbol{z}_{1:n}, \boldsymbol{\mu}_0, \sigma_0^2)$$
$$= \mathcal{N}\left(\boldsymbol{\mu}_k \left| \frac{n_k}{n_k + \sigma_0^2}\bar{\boldsymbol{x}}_k + \frac{\sigma_0^2}{n_k + \sigma_0^2}\boldsymbol{\mu}_0, (n_k + \sigma_0^2)^{-1}\boldsymbol{I} \right.\right) \quad (4.18)$$

となります.

ここまでをまとめると，分散固定の混合ガウスモデルのギブスサンプリングのアルゴリズムは以下になります．

アルゴリズム 4.2 分散固定の場合の混合ガウスモデルのギブスサンプリング

(1) K を決める．
(2) $\boldsymbol{\mu}_k^{(0)}$ ($k = 1, 2, \ldots, K$) を乱数を用いて初期化する．
(3) $\boldsymbol{\mu}_0 = \boldsymbol{0}$, $\sigma_0^2 = 1$, $\boldsymbol{\pi}_0 = (1/K, \ldots, 1/K)$ と設定する (設定方法は任意).
(4) 以下を $s = 1, 2, \ldots, S$ と繰り返す．

　(i) $z_i^{(s)} \sim \text{Multi}\left(\frac{\mathcal{N}(\boldsymbol{x}_i|\boldsymbol{\mu}_1, \boldsymbol{I})}{\sum_{k'=1}^{K}\mathcal{N}(\boldsymbol{x}_i|\boldsymbol{\mu}_{k'}, \boldsymbol{I})}, \ldots, \frac{\mathcal{N}(\boldsymbol{x}_i|\boldsymbol{\mu}_K, \boldsymbol{I})}{\sum_{k'=1}^{K}\mathcal{N}(\boldsymbol{x}_i|\boldsymbol{\mu}_{k'}, \boldsymbol{I})}\right)$: 式 (4.13).
　(ii) $\boldsymbol{\mu}_k^{(s)} \sim \mathcal{N}\left(\boldsymbol{\mu}_k \left| \frac{n_k}{n_k+1}\bar{\boldsymbol{x}}_k, (n_k+1)^{-1}\boldsymbol{I}\right.\right)$ ($k = 1, 2, \ldots, K$): 式 (4.18).
　(iii) 結合分布 (4.10) の値を計算する (データの尤度を計算していることに相当).

K–平均クラスタリング法では,アルゴリズム 4.2 の (4)(i)(ii) が以下のように決定的なアルゴリズム

$$z_i = \underset{k}{\mathrm{argmax}}\, \log \mathcal{N}(\boldsymbol{x}_i|\boldsymbol{\mu}_k, \boldsymbol{I}),$$

$$\boldsymbol{\mu}_k = \bar{\boldsymbol{x}}_k = \underset{\boldsymbol{\mu}_{1:K}}{\mathrm{argmax}}\, \log \prod_{i=1}^{n} \mathcal{N}(\boldsymbol{x}_i|\boldsymbol{\mu}_{z_i}, \boldsymbol{I})$$

となっている点が異なります.K–平均クラスタリング法では,各ステップで $\mathcal{N}(\boldsymbol{x}_i|\boldsymbol{\mu}_k, \boldsymbol{I})$ を最大とする k を選択しますが,混合ガウスモデルのギブスサンプリングでは,各ステップで $\mathcal{N}(\boldsymbol{x}_i|\boldsymbol{\mu}_k, \boldsymbol{I})$ に比例する確率で k が選ばれます.また,K–平均クラスタリング法では,各ステップで $\boldsymbol{\mu}_k = \bar{\boldsymbol{x}}_k$ と決定的に決まりますが,混合ガウスモデルのギブスサンプリングでは,各ステップで,$\frac{n_k}{n_k+1}\bar{\boldsymbol{x}}_k$ を平均とするガウス分布から $\boldsymbol{\mu}_k$ はサンプリングされるので,$\boldsymbol{x}_k$ から確率的なノイズの入った値を用います.このように,確率的なゆらぎを導入することで局所解に陥りにくいアルゴリズムになっていると期待できます.

4.2.2 分散も確率変数とする場合

分散も確率変数としてベイズ推定することを考えます.
データ $\boldsymbol{x}_{1:n}$ が

$$\begin{aligned}
&\text{For } i = 1, 2, \ldots, n: \\
&\quad \boldsymbol{x}_i \sim \mathcal{N}(\boldsymbol{\mu}_{z_i}, \tau^{-1}\boldsymbol{I}),\; z_i \sim \mathrm{Multi}(\boldsymbol{\pi}) \\
&\text{For } k = 1, 2, \ldots, K: \\
&\quad \boldsymbol{\mu}_k \sim \mathcal{N}(\boldsymbol{\mu}_0, (\rho_0\tau)^{-1}\boldsymbol{I}) \\
&\tau \sim \mathrm{Ga}(a_0, b_0),\; \boldsymbol{\pi} \sim \mathrm{Dir}(\alpha)
\end{aligned} \quad (4.19)$$

と生成されたと仮定します.

多項分布のパラメータ $\boldsymbol{\pi}$ もベイズ推定するために,$\boldsymbol{\pi}$ の事前分布として

K 次元のディリクレ分布を仮定しています．ここでは，ディリクレ分布のパラメータをすべて $\boldsymbol{\alpha} = (\alpha, \alpha, \ldots, \alpha)$ としました．このようなディリクレ分布を $\mathrm{Dir}(\boldsymbol{\pi}|\alpha)$ とします．グラフィカルモデルは図 4.1 (b) となります．

ギブスサンプリングを用いて事後分布 $p(\boldsymbol{z}_{1:n}, \boldsymbol{\mu}_{1:K}, \tau, \boldsymbol{\pi}|\boldsymbol{\mu}_0, \rho_0, a_0, b_0, \alpha)$ からのサンプルを生成しましょう．以下，各確率変数の条件付き分布を具体的に計算していきます．

準備としてすべての確率変数の結合分布をグラフィカルモデルをもとに

$$
\begin{aligned}
&p(\boldsymbol{x}_{1:n}, \boldsymbol{z}_{1:n}, \boldsymbol{\mu}_{1:K}, \tau, \boldsymbol{\pi}|\boldsymbol{\mu}_0, \rho_0, a_0, b_0, \alpha) \\
&= p(\boldsymbol{x}_{1:n}|\boldsymbol{z}_{1:n}, \boldsymbol{\mu}_{1:K}, \tau)p(\boldsymbol{z}_{1:n}|\boldsymbol{\pi})p(\boldsymbol{\mu}_{1:K}|\boldsymbol{\mu}_0, \tau, \rho_0)p(\tau|a_0, b_0)p(\boldsymbol{\pi}|\alpha) \\
&= \left[\prod_{i=1}^{n} p(\boldsymbol{x}_i|z_i, \boldsymbol{\mu}_{1:K}, \tau)p(z_i|\boldsymbol{\pi})\right] \left[\prod_{k=1}^{K} p(\boldsymbol{\mu}_k|\boldsymbol{\mu}_0, \tau, \rho_0)\right] p(\tau|a_0, b_0)p(\boldsymbol{\pi}|\alpha)
\end{aligned}
\tag{4.20}
$$

と計算しておきます．

まずは，z_i に関する条件付き分布を計算します．結合分布 (4.20) の計算に帰着させた後は，z_i に関係のある分布のみまとめていきます．

$$
\begin{aligned}
&p(z_i = k|\boldsymbol{x}_{1:n}, \boldsymbol{z}_{1:n}^{\backslash i}, \boldsymbol{\mu}_{1:K}, \tau, \boldsymbol{\pi}, \boldsymbol{\mu}_0, \rho_0, a_0, b_0, \alpha) \\
&\propto p(z_i = k, \boldsymbol{x}_{1:n}, \boldsymbol{z}_{1:n}^{\backslash i}, \boldsymbol{\mu}_{1:K}, \tau, \boldsymbol{\pi}|\boldsymbol{\mu}_0, \rho_0, a_0, b_0, \alpha) \\
&\propto p(\boldsymbol{x}_i|z_i = k, \boldsymbol{\mu}_{1:K}, \tau)p(z_i = k|\boldsymbol{\pi})
\end{aligned}
\tag{4.21}
$$

からもわかるとおり，条件付き分布は

$$
p(z_i = k|\boldsymbol{x}_{1:n}, \boldsymbol{z}_{1:n}^{\backslash i}, \boldsymbol{\mu}_{1:K}, \tau, \boldsymbol{\pi}, \boldsymbol{\mu}_0, \rho_0, a_0, b_0, \alpha) \propto p(z_i = k|\boldsymbol{x}_i, \boldsymbol{\mu}_{1:K}, \tau, \boldsymbol{\pi})
\tag{4.22}
$$

となります．

式 (4.21) は正規化定数の計算を含んでいないため，正規化定数を計算する必要があります．$\sum_{k=1}^{K} p(z_i = k|\boldsymbol{x}_i, \boldsymbol{\mu}_{1:K}, \tau, \boldsymbol{\pi}) = 1$ という条件から

$$
\begin{aligned}
&p(z_i = k | \boldsymbol{x}_i, \boldsymbol{\mu}_{1:K}, \tau, \boldsymbol{\pi}) \\
&= \frac{p(\boldsymbol{x}_i | z_i = k, \boldsymbol{\mu}_{1:K}, \tau) p(z_i = k | \boldsymbol{\pi})}{\sum_{k'=1}^{K} p(\boldsymbol{x}_i | z_i = k', \boldsymbol{\mu}_{1:K}, \tau) p(z_i = k' | \boldsymbol{\pi})} \\
&= \frac{\mathcal{N}(\boldsymbol{x}_i | \boldsymbol{\mu}_k, \tau^{-1} \boldsymbol{I}) \pi_k}{\sum_{k'=1}^{K} \mathcal{N}(\boldsymbol{x}_i | \boldsymbol{\mu}_{k'}, \tau^{-1} \boldsymbol{I}) \pi_{k'}}
\end{aligned}
\tag{4.23}
$$

となります.

次に,$\boldsymbol{\mu}_k$ に関する条件付き分布を計算しましょう.結合分布 (4.20) の計算に帰着させた後は,$\boldsymbol{\mu}_k$ に関係のある分布のみまとめていきます.

$$
\begin{aligned}
&p(\boldsymbol{\mu}_k | \boldsymbol{x}_{1:n}, \boldsymbol{z}_{1:n}, \boldsymbol{\mu}_{1:K}^{\setminus k}, \tau, \boldsymbol{\pi}, \boldsymbol{\mu}_0, \rho_0, a_0, b_0, \alpha) \\
&\propto p(\boldsymbol{\mu}_k, \boldsymbol{x}_{1:n}, \boldsymbol{z}_{1:n}, \boldsymbol{\mu}_{1:K}^{\setminus k}, \tau, \boldsymbol{\pi} | \boldsymbol{\mu}_0, \rho_0, a_0, b_0, \alpha) \\
&\propto \left[\prod_{i=1}^{n} p(\boldsymbol{x}_i | z_i, \boldsymbol{\mu}_k, \tau)^{\delta(z_i = k)} \right] p(\boldsymbol{\mu}_k | \boldsymbol{\mu}_0, \rho_0, \tau) \\
&= \left[\prod_{i=1}^{n} \mathcal{N}(\boldsymbol{x}_i | \boldsymbol{\mu}_k, \tau^{-1} \boldsymbol{I})^{\delta(z_i = k)} \right] \mathcal{N}(\boldsymbol{\mu}_k | \boldsymbol{\mu}_0, (\rho_0 \tau)^{-1} \boldsymbol{I})
\end{aligned}
\tag{4.24}
$$

と計算できます.$\boldsymbol{\mu}_k$ についてまとめていきたいので,ガウス分布の積を考えると,式 (3.36)(p.33 参照)の計算と同様に

$$
\begin{aligned}
&\left[\prod_{i=1}^{n} \mathcal{N}(\boldsymbol{x}_i | \boldsymbol{\mu}_k, \tau^{-1} \boldsymbol{I})^{\delta(z_i = k)} \right] \mathcal{N}(\boldsymbol{\mu}_k | \boldsymbol{\mu}_0, (\rho_0 \tau)^{-1} \boldsymbol{I}) \\
&\propto \mathcal{N}\left(\boldsymbol{\mu}_k \middle| \frac{n_k}{n_k + \rho_0} \bar{\boldsymbol{x}}_k + \frac{\rho_0}{n_k + \rho_0} \boldsymbol{\mu}_0, (\tau(n_k + \rho_0))^{-1} \boldsymbol{I} \right)
\end{aligned}
\tag{4.25}
$$

となります.ここで

$$
n_k = \sum_{i=1}^{n} \delta(z_i = k), \ \bar{\boldsymbol{x}}_k = \frac{1}{n_k} \sum_{i=1}^{n} \delta(z_i = k) \boldsymbol{x}_i
\tag{4.26}
$$

です.また,この計算結果からもわかるとおり,条件部分の依存関係は

$$
p(\boldsymbol{\mu}_k | \boldsymbol{x}_{1:n}, \boldsymbol{z}_{1:n}, \boldsymbol{\mu}_{1:K}^{\setminus k}, \tau, \boldsymbol{\pi}, \boldsymbol{\mu}_0, \rho_0, a_0, b_0, \alpha) = p(\boldsymbol{\mu}_k | \boldsymbol{x}_{1:n}, \boldsymbol{z}_{1:n}, \tau, \boldsymbol{\mu}_0, \rho_0)
\tag{4.27}
$$

となります．したがって，ギブスサンプリングに必要な条件付き分布は

$$
\begin{aligned}
&p(\boldsymbol{\mu}_k|\boldsymbol{x}_{1:n},\boldsymbol{z}_{1:n},\tau,\boldsymbol{\mu}_0,\rho_0) \\
&= \mathcal{N}\left(\boldsymbol{\mu}_k \left| \frac{n_k}{n_k+\rho_0}\bar{\boldsymbol{x}}_k + \frac{\rho_0}{n_k+\rho_0}\boldsymbol{\mu}_0, (\tau(n_k+\rho_0))^{-1}\boldsymbol{I}\right.\right)
\end{aligned} \quad (4.28)
$$

となります．

次に，τ に関する条件付き分布を計算しましょう．これまでと同様に結合分布 (4.20) の計算に帰着させた後は，τ に関係のある分布のみまとめていきます．ただし，式 (3.37)（p.33 参照）の計算でみてきたとおり，事後分布としてガンマ分布を導出するためには $\boldsymbol{\mu}_{1:K}$ と τ の結合分布を求め，$\boldsymbol{\mu}_{1:K}$ を積分消去する必要があります．式 (3.33) と同様に，

$$
\begin{aligned}
&p(\boldsymbol{\mu}_{1:K},\tau|\boldsymbol{x}_{1:n},\boldsymbol{z}_{1:n},\boldsymbol{\pi},\boldsymbol{\mu}_0,\rho_0,a_0,b_0,\alpha) \\
&\propto p(\boldsymbol{\mu}_{1:K},\tau,\boldsymbol{x}_{1:n},\boldsymbol{z}_{1:n},\boldsymbol{\pi}|\boldsymbol{\mu}_0,\rho_0,a_0,b_0,\alpha) \\
&\propto \left[\prod_{i=1}^n p(\boldsymbol{x}_i|z_i,\boldsymbol{\mu}_{1:K},\tau)\right]\left[\prod_{k=1}^K p(\boldsymbol{\mu}_k|\boldsymbol{\mu}_0,\rho_0,\tau)\right]p(\tau|a_0,b_0) \\
&= \left[\prod_{i=1}^n\prod_{k=1}^K \mathcal{N}(\boldsymbol{x}_i|\boldsymbol{\mu}_k,\tau^{-1}\boldsymbol{I})^{\delta(z_i=k)}\right]\prod_{k=1}^K\left[\mathcal{N}(\boldsymbol{\mu}_k|\boldsymbol{\mu}_0,(\rho_0\tau)^{-1}\boldsymbol{I})\right]\mathrm{Ga}(\tau|a_0,b_0) \\
&\propto \left[\prod_{k=1}^K \tau^{\frac{D}{2}}\exp\left(-\frac{\tau}{2}(\rho_0\|\boldsymbol{\mu}_k-\boldsymbol{\mu}_0\|^2 + n\|\bar{\boldsymbol{x}}_k-\boldsymbol{\mu}_k\|^2)\right)\right] \\
&\quad \times \tau^{a_0+\frac{nD}{2}-1}\exp\left(-\tau\left(b_0 + \frac{1}{2}\sum_{i=1}^n\|\boldsymbol{x}_i-\bar{\boldsymbol{x}}_k\|^2\right)\right) \\
&\propto \left[\prod_{k=1}^K \mathcal{N}\left(\boldsymbol{\mu}_k|\boldsymbol{m}_k,\tau_k^{-1}\boldsymbol{I}\right)\right]\mathrm{Ga}\left(\tau|a_n,b_n\right)
\end{aligned} \quad (4.29)
$$

となります．ここで，

$$
\bar{\boldsymbol{x}}_k = \frac{1}{n_k}\sum_{i=1}^n \delta(z_i=k)\boldsymbol{x}_i, \quad (4.30)
$$

$$m_k = \frac{n_k}{n_k + \rho_0}\bar{x}_k + \frac{\rho_0}{n_k + \rho_0}\mu_0, \tag{4.31}$$

$$\tau_k = \tau(n_k + \rho_0), \tag{4.32}$$

$$a_n = a_0 + \frac{nD}{2}, \tag{4.33}$$

$$b_n = b_0 + \sum_{k=1}^{K}\left(\frac{1}{2}\sum_{i=1}^{n}\delta(z_i = k)\|x_i - \bar{x}_k\|^2 + \frac{n_k\rho_0}{2(\rho_0 + n_k)}\|\bar{x}_k - \mu_0\|^2\right) \tag{4.34}$$

です.式 (4.29) は,それぞれ確率分布の積になっており,$\mu_{1:K}$,τ で積分すると 1 になるので正規化定数は計算する必要なく,

$$\begin{aligned}&p(\mu_{1:K}, \tau | x_{1:n}, z_{1:n}, \mu_0, \rho_0, a_0, b_0)\\&= \left[\prod_{k=1}^{K}\mathcal{N}\left(\mu_k | m_k, \tau_n^{-1}I\right)\right]\text{Ga}\left(\tau | a_n, b_n\right)\end{aligned} \tag{4.35}$$

となります.ちなみに,式 (4.35) からも式 (4.28) は求まります.

式 (4.35) から $\mu_{1:K}$ を積分消去すれば,ギブスサンプリングで用いる条件付き分布は

$$p(\tau | x_{1:n}, z_{1:n}, \mu_0, \rho_0, a_0, b_0) = \text{Ga}\left(\tau | a_n, b_n\right) \tag{4.36}$$

となります.

最後に,π に関する条件付き分布を計算しましょう.これまでと同様に結合分布 (4.20) の計算に帰着させた後は,π に関係のある分布のみ切り出します.

$$\begin{aligned}&p(\pi | x_{1:n}, z_{1:n}, \mu_{1:K}, \tau, \mu_0, \rho_0, a_0, b_0, \alpha)\\&\propto p(\pi, x_{1:n}, z_{1:n}, \mu_{1:K}, \tau | \mu_0, \rho_0, a_0, b_0, \alpha)\\&\propto p(z_{1:n} | \pi)p(\pi | \alpha)\end{aligned} \tag{4.37}$$

からわかるとおり,π は,$z_{1:n}$ および α のみに依存するので

$$p(\pi | x_{1:n}, z_{1:n}, \mu_{1:K}, \tau, \mu_0, \rho_0, a_0, b_0, \alpha) = p(\pi | z_{1:n}, \alpha) \tag{4.38}$$

となることがわかります.

したがって,式 (3.10)(p.25 参照)と同様に

$$p(\boldsymbol{\pi}|\boldsymbol{z}_{1:n},\alpha) = \mathrm{Dir}(\boldsymbol{\pi}|\hat{\boldsymbol{\alpha}}),\ \hat{\alpha}_k = \alpha + n_k \tag{4.39}$$

となります.

ここまでをまとめると,混合ガウスモデルのギブスサンプリングのアルゴリズムは以下になります.

アルゴリズム 4.3 平均も分散も確率変数とする場合の混合ガウスモデルのギブスサンプリング

(1) K を決める.
(2) $\boldsymbol{\mu}_k^{(0)}$ $(k=1,2,\ldots,K)$ を乱数を用いて初期化する.
(3) $\boldsymbol{\mu}_0 = \mathbf{0}$, $\rho_0 = 1$, $a_0 = 1$, $b_0 = 1$ と設定する (設定方法は任意).
(4) $\pi_k = 1/K$, $\tau = 1$ と初期化する (初期化方法は任意).
(5) 以下を $s = 1, 2, \ldots, S$ と繰り返す.

(i) $z_i^{(s)} \sim p(z_i = k|\boldsymbol{x}_i, \boldsymbol{\mu}_{1:K}^{(s-1)}, \tau^{(s-1)}, \boldsymbol{\pi}^{(s-1)})$ $(i = 1, 2, \ldots, n)$: 式 (4.23).
(ii) $\boldsymbol{\mu}_k^{(s)} \sim p(\boldsymbol{\mu}_k|\boldsymbol{x}_{1:n}, \boldsymbol{z}_{1:n}^{(s)}, \tau^{(s-1)}, \boldsymbol{\mu}_0, \rho_0)$ $(k = 1, 2, \ldots, K)$: 式 (4.28).
(iii) $\tau^{(s)} \sim p(\tau|\boldsymbol{x}_{1:n}, \boldsymbol{z}_{1:n}^{(s)}, \mu_0, \rho_0, a_0, b_0)$: 式 (4.36).
(iv) $\boldsymbol{\pi}^{(s)} \sim p(\boldsymbol{\pi}|\boldsymbol{z}_{1:n}^{(s)}, \alpha)$: 式 (4.39).
(v) 結合分布 (4.20) の値を計算する (データの尤度を計算していることに相当).

混合ガウスモデルのギブスサンプリングを繰り返すことで,$\boldsymbol{z}_{1:n}$,$\boldsymbol{\mu}_{1:K}$,τ,$\boldsymbol{\pi}$ をサンプリングすることができます.クラスタリングとして混合ガウスモデルのギブスサンプリングを用いる場合,クラスタリング結果のみ必要である可能性があります.このような場合,各々 z_i のサンプリング履歴をヒストグラムとして計測することで,その中で最も頻度の高いクラスを割り

当てれば，クラスタリング結果を得ることができます*3．また，各々の z_i のサンプリング履歴のヒストグラムをみることで，そのデータのクラスタリングの安定性も分析することができます．つまり，特定のクラスが高頻度でサンプリングされているようなデータは，クラスタリングしやすいデータであることがわかりますし，複数のクラスが同程度の頻度でサンプリングされているデータは，クラスタリングとしては曖昧性の高いデータであるといえます．

4.3 混合ガウスモデルの周辺化ギブスサンプリングによるクラスタリング

前節のギブスサンプリングでは，$z_{1:n}$, $\boldsymbol{\mu}_{1:K}$, τ, $\boldsymbol{\pi}$ のサンプリングを繰り返すことで，クラスタリング結果に相当する $z_{1:n}$ を得ることができました．混合ガウスモデルの事後分布推定という意味では，この方法でよいのですが，単にクラスタリングという応用だけを考えた場合には，$z_{1:n}$ のサンプリング結果さえ得られればよく，必ずしも $\boldsymbol{\mu}_{1:K}$, τ, $\boldsymbol{\pi}$ のサンプリング結果は必要ありません．ここでは，混合ガウスモデルにおいて，$z_{1:n}$ のみをサンプリングする方法について説明します．

周辺化ギブスサンプリングは，ギブスサンプリングにおいて，特定の確率変数を周辺化してしまい，サンプリングする確率変数の数を減らす方法です．ここでは，$\boldsymbol{\mu}_{1:K}$, τ, $\boldsymbol{\pi}$ を周辺化して $z_{1:K}$ のみサンプリングする方法について説明します．具体的には，

$$p(\boldsymbol{z}_{1:n}|\boldsymbol{x}_{1:n},\boldsymbol{\mu}_0,\rho_0,a_0,b_0,\alpha)$$
$$= \iiint p(\boldsymbol{z}_{1:n},\boldsymbol{\mu}_{1:K},\tau,\boldsymbol{\pi}|\boldsymbol{x}_{1:n},\boldsymbol{\mu}_0,\rho_0,a_0,b_0,\alpha)d\boldsymbol{\mu}_{1:K}d\tau d\boldsymbol{\pi} \quad (4.40)$$

からサンプリングを行います．

$p(\boldsymbol{z}_{1:n}|\boldsymbol{x}_{1:n},\boldsymbol{\mu}_0,\rho_0,a_0,b_0,\alpha)$ から直接 $\boldsymbol{z}_{1:n}$ をサンプリングすることは計算量的に厳しいので，条件付き分布 $p(z_i=k|\boldsymbol{x}_{1:n},\boldsymbol{z}_{1:n}^{\setminus i},\boldsymbol{\mu}_0,\rho_0,a_0,b_0,\alpha)$ により z_i を逐次的にサンプリングしていきます．基本的な方針はギブスサン

---

*3 ただし，クラスを表現するラベルがサンプリングの過程でスイッチしてしまうラベルスイッチ問題に気をつける必要はあります．

プリングの場合と同様に結合分布に帰着させ，ベイズの定理で積に分解し z_i に関係のある部分を残して計算していくのですが，周辺化ギブスサンプリングの場合は，周辺化（積分消去）という操作が途中で必要になります．

z_i に関する条件付き分布の導入として，まず結合分布を考えましょう．結合分布を積に分解する際には，グラフィカルモデルにおいて $\boldsymbol{\mu}_{1:K}$, τ, $\boldsymbol{\pi}$ を消去して依存関係を考えればよく

$$p(\boldsymbol{z}_{1:n}, \boldsymbol{x}_{1:n}|\boldsymbol{\mu}_0, \rho_0, a_0, b_0, \alpha) = p(\boldsymbol{x}_{1:n}|\boldsymbol{z}_{1:n}, \boldsymbol{\mu}_0, \rho_0, a_0, b_0)p(\boldsymbol{z}_{1:n}|\alpha) \tag{4.41}$$

となります．

これまで，$\boldsymbol{x}_{1:n}$ や $\boldsymbol{z}_{1:n}$ に関する分布は，それぞれ $\boldsymbol{x}_i$ や $\boldsymbol{z}_i$ に関する積の分布に分解することができました．例えば，$p(\boldsymbol{z}_{1:n}|\boldsymbol{\pi})$ は，グラフィカルモデルからもわかるとおり条件付き独立性から $\prod_{i=1}^n p(z_i|\boldsymbol{\pi})$ とすることができました．しかし，$p(\boldsymbol{z}_{1:n}|\alpha)$ に関してはそうはいきません．

$$p(\boldsymbol{z}_{1:n}|\alpha) = \int p(\boldsymbol{z}_{1:n}|\boldsymbol{\pi})p(\boldsymbol{\pi}|\alpha)d\boldsymbol{\pi} = \int \left[\prod_{i=1}^n p(z_i|\boldsymbol{\pi})\right]p(\boldsymbol{\pi}|\alpha)d\boldsymbol{\pi} \tag{4.42}$$

と確率分布の積が積分の中に入っているので，$\prod_{i=1}^n p(z_i|\alpha)$ とはならないことは直感的にもわかると思います．

実際に，式 (3.46)（p.36 参照）および式 (3.70)（p.40 参照）から，

$$\begin{aligned}p(\boldsymbol{z}_{1:n}, \boldsymbol{x}_{1:n}|\boldsymbol{\mu}_0, \rho_0, a_0, b_0, \alpha) &= p(\boldsymbol{x}_{1:n}|\boldsymbol{z}_{1:n}, \boldsymbol{\mu}_0, \rho_0, a_0, b_0) \times p(\boldsymbol{z}_{1:n}|\alpha) \\ &= \sqrt{\frac{\rho_0}{\rho_n}} \frac{b_0^{a_0}}{b_n^{a_n}} \frac{\Gamma(a_n)}{\Gamma(a_0)} \prod_{k=1}^K (\sqrt{2\pi})^{-n_k D} \\ &\quad \times \frac{\Gamma(K\alpha)}{\Gamma(n+K\alpha)} \prod_{k=1}^K \frac{\Gamma(n_k+\alpha)}{\Gamma(\alpha)}\end{aligned} \tag{4.43}$$

となります．

さて，$\boldsymbol{x}_{1:n}$ や $\boldsymbol{z}_{1:n}$ に関する分布が，それぞれ $\boldsymbol{x}_i$ や $\boldsymbol{z}_i$ に関する積の分布に分解することができないため，z_i に関する条件付き分布 $p(z_i = k|\boldsymbol{x}_{1:n}, \boldsymbol{z}_{1:n}^{\setminus i}, \boldsymbol{\mu}_0, \rho_0, a_0, b_0, \alpha)$ を効率的に計算するためには，単に結合分布に計算を帰着させベイズの定理によって条件付き分布の積に分解していくの

4.3 混合ガウスモデルの周辺化ギブスサンプリングによるクラスタリング

ではなく，工夫が必要になります．

それでは以下，計算していきましょう．まず，結合分布へ変換し $\boldsymbol{x}_{1:n}$ および $\boldsymbol{z}_{1:n}$ の条件付き分布に分解します．すなわち，

$$
\begin{aligned}
p(z_i &= k|\boldsymbol{x}_{1:n}, \boldsymbol{z}_{1:n}^{\backslash i}, \boldsymbol{\mu}_0, \rho_0, a_0, b_0, \alpha) \\
&\propto p(\boldsymbol{x}_{1:n}, z_i = k, \boldsymbol{z}_{1:n}^{\backslash i}|\boldsymbol{\mu}_0, \rho_0, a_0, b_0, \alpha) \\
&\propto p(\boldsymbol{x}_{1:n}|z_i = k, \boldsymbol{z}_{1:n}^{\backslash i}, \boldsymbol{\mu}_0, \rho_0, a_0, b_0) p(z_i = k, \boldsymbol{z}_{1:n}^{\backslash i}|\alpha)
\end{aligned} \tag{4.44}
$$

となります．次に，それぞれの条件付き分布に対して，z_i に関係のある部分を計算が簡単な形に式変形していきます．

簡単なところから，

$$
p(z_i = k, \boldsymbol{z}_{1:n}^{\backslash i}|\alpha) = p(z_i = k|\boldsymbol{z}_{1:n}^{\backslash i}, \alpha) p(\boldsymbol{z}_{1:n}^{\backslash i}|\alpha) \propto p(z_i = k|\boldsymbol{z}_{1:n}^{\backslash i}, \alpha) \tag{4.45}
$$

とします．さて，なぜこのように変形したのでしょうか？ $p(z_i = k|\boldsymbol{z}_{1:n}^{\backslash i}, \alpha)$ の意味を考えてみましょう．

$p(z_i = k|\boldsymbol{z}_{1:n}^{\backslash i}, \alpha)$ は，$\boldsymbol{z}_{1:n}^{\backslash i}$ が与えられたもとでの，$z_i = k$ に対するディリクレ–多項分布モデルの予測分布であることがわかります．すなわち，

$$
p(z_i = k|\boldsymbol{z}_{1:n}^{\backslash i}, \alpha) = \int p(z_i = k|\boldsymbol{\pi}) p(\boldsymbol{\pi}|\boldsymbol{z}_{1:n}^{\backslash i}, \alpha) d\boldsymbol{\pi} \tag{4.46}
$$

であるので，これはすでに式 (3.11)（p.25 参照）で計算しています．

同様に，

$$
\begin{aligned}
p(\boldsymbol{x}_{1:n}&|z_i = k, \boldsymbol{z}_{1:n}^{\backslash i}, \boldsymbol{\mu}_0, \rho_0, a_0, b_0) \\
&= p(\boldsymbol{x}_i|z_i = k, \boldsymbol{z}_{1:n}^{\backslash i}, \boldsymbol{x}_{1:n}^{\backslash i}, \boldsymbol{\mu}_0, \rho_0, a_0, b_0) p(\boldsymbol{x}_{1:n}^{\backslash i}|\underline{z_i = k}, \boldsymbol{z}_{1:n}^{\backslash i}, \boldsymbol{\mu}_0, \rho_0, a_0, b_0) \\
&\quad (\Downarrow z_i は \boldsymbol{x}_{1:n}^{\backslash i} とは条件付き独立なので) \\
&= p(\boldsymbol{x}_i|z_i = k, \boldsymbol{z}_{1:n}^{\backslash i}, \boldsymbol{x}_{1:n}^{\backslash i}, \boldsymbol{\mu}_0, \rho_0, a_0, b_0) p(\boldsymbol{x}_{1:n}^{\backslash i}|\boldsymbol{z}_{1:n}^{\backslash i}, \boldsymbol{\mu}_0, \rho_0, a_0, b_0) \\
&\propto p(\boldsymbol{x}_i|z_i = k, \boldsymbol{z}_{1:n}^{\backslash i}, \boldsymbol{\mu}_0, \rho_0, a_0, b_0)
\end{aligned} \tag{4.47}
$$

と計算します．

$$
\begin{aligned}
&p(\boldsymbol{x}_i|z_i=k,\boldsymbol{z}_{1:n}^{\backslash i},\boldsymbol{x}_{1:n}^{\backslash i},\boldsymbol{\mu}_0,\rho_0,a_0,b_0) \\
&= \int p(\boldsymbol{x}_i|z_i=k,\boldsymbol{\mu}_{1:K},\tau)p(\boldsymbol{\mu}_{1:K},\tau|\boldsymbol{z}_{1:n}^{\backslash i},\boldsymbol{x}_{1:n}^{\backslash i},\boldsymbol{\mu}_0,\rho_0,a_0,b_0)d\boldsymbol{\mu}_{1:K}d\tau \\
&= \int p(\boldsymbol{x}_i|\boldsymbol{\mu}_k,\tau)p(\boldsymbol{\mu}_k,\tau|\boldsymbol{z}_{1:n}^{\backslash i},\boldsymbol{x}_{1:n}^{\backslash i},\boldsymbol{\mu}_0,\rho_0,a_0,b_0)d\boldsymbol{\mu}_k d\tau \quad (4.48)
\end{aligned}
$$

から，式 (3.39)（p.34 参照）ですでに計算したガンマ–ガウス分布モデルにおける $\boldsymbol{x}_i$ の予測分布であることがわかります．

したがって，

$$
\begin{aligned}
&p(z_i=k|\boldsymbol{x}_{1:n},\boldsymbol{z}_{1:n}^{\backslash i},\alpha,\boldsymbol{\mu}_0,\rho_0,a_0,b_0) \\
&\propto p(\boldsymbol{x}_i|z_i=k,\boldsymbol{x}_{1:n}^{\backslash i},\boldsymbol{z}_{1:n}^{\backslash i},\boldsymbol{\mu}_0,\rho_0,a_0,b_0) \times p(z_i=k|\boldsymbol{z}_{1:n}^{\backslash i},\alpha) \\
&= \mathrm{St}\left(\boldsymbol{x}_i|\boldsymbol{m}_k^{\backslash i},a_n^{\backslash i},\left(1+\frac{1}{n-1+\rho_0}\right)b_n^{\backslash i}\boldsymbol{I}\right) \times \frac{n_k^{\backslash i}+\alpha}{\sum_{k=1}^K(n_k^{\backslash i}+\alpha)}
\end{aligned}
$$
(4.49)

となります．ここで，

$$a_n^{\backslash i} = 2a_0 + (n-1)D, \quad (4.50)$$

$$b_n^{\backslash i} = 2b_0 + \sum_{i'\neq i}^n \|\boldsymbol{x}_{i'}' - \bar{\boldsymbol{x}}\|^2 + \frac{(n-1)\rho_0}{\rho_0+n-1}\|\bar{\boldsymbol{x}}^{\backslash i} - \boldsymbol{\mu}_0\|^2 \quad (4.51)$$

です．次章からノンパラメトリックベイズモデルについて説明していきますが，基本的には上記の波線部分を拡張したものになっています．

ここまでをまとめると，混合ガウスモデルの周辺化ギブスサンプリングは以下になります．

4.3 混合ガウスモデルの周辺化ギブスサンプリングによるクラスタリング

アルゴリズム 4.4 混合ガウスモデルの周辺化ギブスサンプリング

(1) K を決める.
(2) $\boldsymbol{z}_{1:n}^{(0)}$ を乱数を用いて初期化する.
(3) $\boldsymbol{\mu}_0 = 0$, $\rho_0 = 1$, $a_0 = 1$, $b_0 = 1$ と初期化する (初期化方法は任意).
(4) 以下を $s = 1, 2, \ldots, S$ と繰り返す.

(i) $z_i^{(s)} \sim p(z_i | \boldsymbol{x}_{1:n}, \boldsymbol{z}_{1:n}^{\backslash i}, \alpha, \boldsymbol{\mu}_0, \rho_0, a_0, b_0)$ $(i = 1, 2, \ldots, n)$: 式 (4.49).
(ii) 周辺尤度 (4.43) の値を計算する.

1つのクラスタリング結果さえ得られればよい場合は，周辺尤度 (4.43) の値が最も高いクラスタリング結果を用いればよいです．周辺尤度 (4.43) の値で高い順に複数のクラスタリング結果を比較することもできます．また，データごとに z_i のサンプリングのヒストグラムを分析することで，分類しやすさなどを分析することもできます．

Chapter 5

『無限次元』の扉を開く：ノンパラメトリックベイズモデル入門からクラスタリングへの応用

> 本章では，ノンパラメトリックベイズモデルの導入としてディリクレ分布の無限次元への拡張について考察します．ここでは直感的な理解を重視し，より数理的な内容は，9章で説明します．ただし，本章を理解するだけでもノンパラメトリックベイズモデルの核心に迫ることができます．

5.1 無限次元のディリクレ分布を考える

ノンパラメトリックベイズモデルの中心的な役割を果たすディリクレ過程混合モデル (Dirichlet process mixture model)[1,3] について説明します．ディリクレ過程混合モデルは，有限混合モデルを無限次元化したものとみることができるため**無限混合モデル** (infinite mixture model) などとも呼ばれています．

そもそも，なぜこのような無限混合モデルが必要になったのでしょうか？　前章のクラスタリングでは，クラス数 K をあらかじめ決めておく必

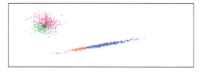 

(a) 混合数を 4 に固定した場合　　(b) ディリクレ過程混合モデルで推定した場合

図 5.1　ディリクレ過程混合モデルのクラスタリングへの応用例.

要がありました．これは，事前分布としてのディリクレ分布の次元数をあらかじめ決めておくことに相当しています．しかし，現実の問題としてディリクレ分布の次元をどのように設定しておけばよいかはわからないことがしばしばあります．また，データ数が動的に変化する場合は，クラス数 K も動的に変化する必要性があるかもしれません．もしも，事前分布としてあらかじめ決められた固定次元のディリクレ分布を仮定するのではなく，ディリクレ分布の次元を無限次元と仮定することができたならば，その事後分布を求めることでデータから必要となる次元数を推定することができるかもしれません．図 5.1 で，*scikit-learrn*[*1] という Python の機械学習ライブラリを用いてディリクレ過程混合モデルによるクラス数の推定を行った例[*2]を紹介します．図 5.1 のように一見簡単そうなクラスタリングでも，クラス数を適切に決めなければ，適切なクラスタリングが行われない可能性があることがわかります．

　ここでは，はじめに有限次元を仮定し，最終的に得られる結果に対して次元を $K \to \infty$ とした場合のディリクレ分布を考察していきます．まず，

$$z_i \sim \mathrm{Multi}(\boldsymbol{\pi}) \ (i = 1, \ldots, n), \ \boldsymbol{\pi} \sim \mathrm{Dir}(\boldsymbol{\alpha}), \ \alpha_k = \alpha/K \qquad (5.1)$$

と仮定します．ここでは，$\boldsymbol{\alpha}$ に対して，k に関わらず一律で $\alpha_k = \alpha/K$ $(\alpha > 0)$ と仮定しています．**ディリクレ分布に関するこの仮定が無限次元に拡張する際には重要になってきます**．便宜的に，$\alpha_k = \alpha/K$ と仮定したディリクレ分布を $\mathrm{Dir}(\boldsymbol{\pi}|\alpha/K)$ と書くことにします．

　[*1]　http://scikit-learn.org
　[*2]　http://scikit-learn.org/stable/modules/mixture.html

図 5.2 $\boldsymbol{\alpha} = (\alpha_1, \alpha_2, \alpha_3)$ を変化させた場合のディリクレ分布からのサンプル例.各点が $\boldsymbol{\alpha}$ をパラメータとするディリクレ分布から生成された $\boldsymbol{\pi}$ を表す.各々 1000 点サンプリングしている.

$\text{Dir}(\boldsymbol{\pi}|\alpha/K)$ についてもう少し考察しておきます.$\text{Dir}(\boldsymbol{\pi}|\alpha/K)$ には,主に以下の二つの性質があります.

(1) 各 k で α_k が同じ値であるため,事前分布としては k に区別がありません.
(2) 次元 K が大きくなるにしたがって,ディリクレ分布のパラメータ α_k は小さくなります.

性質 (2) が意味するのは,次元が大きくなると $\boldsymbol{\pi} \sim \text{Dir}(\alpha/K)$ として生成される $\boldsymbol{\pi}$ は偏りのある分布になるということです.その理由として,ディリクレ分布の性質に,パラメータの値が小さい場合に生成される $\boldsymbol{\pi}$ が特定の軸に偏るということがあります.図 5.2 に 3 次元ディリクレ分布からのサンプル例を載せます.それぞれの点がサンプリングされた $\boldsymbol{\pi} = (\pi_1, \pi_2, \pi_3)$ です.α_k が小さくなるほど,三角形の頂点付近に点が分布することがわかります.

一つの辺に点が分布するということは,その両端点以外の次元の α_k が非常に小さい値になっていることを意味します.例えば,$\boldsymbol{\pi} = (0.444, 0.555, 0.001)$ のように特定の次元の値が 0 に近い値をとることを意味します.したがって,特定のいくつかの要素 π_k は高い値を持ち,その他の要素 $\pi_{k'}$ は小さい値を持つような $\boldsymbol{\pi}$ が生成されることを事前分布として仮定しています.つまり,事前分布としてディリクレ分布の次元を非常に大きくまたは可能ならば無限次元にとる場合,すべての次元が現れるのではなく,特定の次元が偏っ

て現れるように事前分布を仮定していることになります．

さて，このような仮定のもと，$z_{1:n}$ のサンプリングを考えてみましょう．最後に $K \to \infty$ とすることを考えると，$\sum_{k=1}^{\infty} \pi_k = 1$ となるような $\boldsymbol{\pi}$ を直接扱う（サンプリングする）のは難しいので，$\boldsymbol{\pi}$ はできるだけ扱いたくありません．このような場合は，周辺化という便利な道具を用いれば，$\boldsymbol{\pi}$ を直接扱わずに済みます．したがって，周辺化ギブスサンプリングを用います．

式 (3.11)（p.25 参照）および式 (4.49)（p.58 参照）と同様にすると，

$$p(z_i = k | \boldsymbol{z}_{1:n}^{\backslash i}, \alpha) = \frac{n_k^{\backslash i} + \alpha/K}{n - 1 + \alpha} \tag{5.2}$$

となります．分母が $n-1$ となるのは，$\backslash i$ として i 番目を集合から抜いているため総数が $n-1$ となるからです．

いま，$\boldsymbol{z}_{1:n}^{\backslash i}$ に現れている $\{1, 2, \ldots, K\}$ の集合を $\mathcal{K}^+(\boldsymbol{z}_{1:n}^{\backslash i})$ と表現します．すると，式 (5.2) は

$$p(z_i = k | \boldsymbol{z}_{1:n}^{\backslash i}, \alpha) = \begin{cases} \dfrac{n_k^{\backslash i} + \alpha/K}{n - 1 + \alpha} & \text{if} \quad k \in \mathcal{K}^+(\boldsymbol{z}_{1:n}^{\backslash i}) \\ \dfrac{\alpha/K}{n - 1 + \alpha} & \text{if} \quad k \notin \mathcal{K}^+(\boldsymbol{z}_{1:n}^{\backslash i}) \end{cases} \tag{5.3}$$

となります（$k \notin \mathcal{K}^+(\boldsymbol{z}_{1:n}^{\backslash i})$ ならば $n_k^{\backslash i} = 0$）．

今回仮定したディリクレ分布の性質 (2) により，$\boldsymbol{z}_{1:n}^{\backslash i}$ に一度も現れない値，すなわち，$k \notin \mathcal{K}^+(\boldsymbol{z}_{1:n}^{\backslash i})$ である k をとる確率はすべて同じ確率 $\frac{\alpha/K}{n-1+\alpha}$ になります．したがって，z_i として $k \notin \mathcal{K}^+(\boldsymbol{z}_{1:n}^{\backslash i})$ となるすべての値をとる確率は

$$\begin{aligned} p(z_i \notin \mathcal{K}^+(\boldsymbol{z}_{1:n}^{\backslash i}) | \boldsymbol{z}_{1:n}^{\backslash i}, \alpha) &= \sum_{k \notin \mathcal{K}^+} p(z_i = k | \boldsymbol{z}_{1:n}^{\backslash i}, \alpha/K) \\ &= (K - |\mathcal{K}^+(\boldsymbol{z}_{1:n}^{\backslash i})|) \frac{\alpha/K}{n - 1 + \alpha} \\ &= \left(1 - \frac{|\mathcal{K}^+(\boldsymbol{z}_{1:n}^{\backslash i})|}{K}\right) \frac{\alpha}{n - 1 + \alpha} \end{aligned} \tag{5.4}$$

となります．

すなわち

$$\begin{cases} p(z_i = k \in \mathcal{K}^+(\boldsymbol{z}_{1:n}^{\backslash i})|\boldsymbol{z}_{1:n}^{\backslash i}, \alpha) &= \dfrac{n_k^{\backslash i} + \alpha/K}{n - 1 + \alpha} \\ p(z_i \notin \mathcal{K}^+(\boldsymbol{z}_{1:n}^{\backslash i})|\boldsymbol{z}_{1:n}^{\backslash i}, \alpha) &= \left(1 - \dfrac{|\mathcal{K}^+(\boldsymbol{z}_{1:n}^{\backslash i})|}{K}\right)\dfrac{\alpha}{n - 1 + \alpha} \end{cases} \quad (5.5)$$

となります.

さて,いよいよここで,$K \to \infty$ の極限をとると

$$\begin{cases} p(z_i = k \in \mathcal{K}^+(\boldsymbol{z}_{1:n}^{\backslash i})|\boldsymbol{z}_{1:n}^{\backslash i}, \alpha) &= \dfrac{n_k^{\backslash i}}{n - 1 + \alpha} \\ p(z_i \notin \mathcal{K}^+(\boldsymbol{z}_{1:n}^{\backslash i})|\boldsymbol{z}_{1:n}^{\backslash i}, \alpha/K) &= \dfrac{\alpha}{n - 1 + \alpha} \end{cases} \quad (5.6)$$

となります.

この式 (5.6) が意味することは,すでにサンプリングされた値は $\dfrac{n_k^{\backslash i}}{n-1+\alpha}$ の確率でサンプリングされ,それ以外の何らかの値は $\dfrac{\alpha}{n-1+\alpha}$ の確率でサンプリングされるということです.例えば,$\mathcal{K}^+(\boldsymbol{z}_{1:n}^{\backslash i}) = \{2, 5\}$ だったとすると

$$\left(\dfrac{n_2^{\backslash i}}{n-1+\alpha}, \dfrac{n_5^{\backslash i}}{n-1+\alpha}, \dfrac{\alpha}{n-1+\alpha}\right) \quad (5.7)$$

の割合で,z_i として 2, 5, その他が選択されます.ここで,仮にその他が選ばれたとしましょう.その他が選ばれた場合,我々が仮定したディリクレ分布の性質 (1) により,2, 5 以外のどの数字でも等確率なので,2, 5 以外のどの数値を割り当ててもかまいません.今回は最も小さい数値 1 を割り当てて $z_i = 1$ としておきます.

次に,確率変数 z_{i+1} をサンプリングするとします.今度は,

$$\left(\dfrac{n_1^{\backslash i+1}}{n-1+\alpha}, \dfrac{n_2^{\backslash i+1}}{n-1+\alpha}, \dfrac{n_5^{\backslash i+1}}{n-1+\alpha}, \dfrac{\alpha}{n-1+\alpha}\right) \quad (5.8)$$

の割合で z_{i+1} をサンプリングするようにみえますが,ここで $n_k^{\backslash i+1}$ を考えてみましょう.これは,$z_{1:n}$ の中で k が現れる個数から z_{i+1} の情報を除いた数になります.サンプリングは $z_{1:n}$ に対して何度も反復して行うので,前回のサンプリングで $z_{i+1} = 2$ と割り当てられ,$n_2 = 1$ (2 がサンプリングされているのが z_{i+1} のみ) の場合,$n_2^{\backslash i+1} = 0$ となります.すなわち,$k = 2$

は，"その他"の仲間に入ります．したがって，このときには，

$$\left(\frac{n_1^{\backslash i+1}}{n-1+\alpha}, \frac{n_5^{\backslash i+1}}{n-1+\alpha}, \frac{\alpha}{n-1+\alpha} \right) \tag{5.9}$$

の割合で z_{i+1} をサンプリングすることになります．ここで注意したいのは，$k=2$ の情報は一度全体から失われることです．もちろん，"その他"が選択され，番号として現在使われていないものの中で最小のものを選ぶ場合には 2 が選択され再び $z_{i+1}=2$ となることはありえます．

さて，このようなモデルでは，そもそもこの数値ラベルそのものには意味がありません．ラベル k という値自体には意味がなく，区別されていること自体に意味があります．例えば，クラスタリングはこの顕著な例です．z_i がデータ i のクラスを表現しているとすると，$(z_1, z_2, z_3, z_4) = (2, 5, 1, 2)$ が意味していることは，$z_1 = z_4$ なのでデータ 1 とデータ 4 が同じクラスで，その他はそれぞれ個別のクラスであることです．つまり，$\{\{z_1, z_4\}, \{z_2\}, \{z_3\}\}$ というように分割されていることを表現しているに過ぎません．

潜在変数の数値ラベルそのものには意味がないというのを言い換えると，それぞれがとる値を改めて付け替えても問題がないということです．すなわち，$(z_1, z_2, z_3, z_4) = (2, 5, 1, 2)$ を $(z_1, z_2, z_3, z_4) = (1, 2, 3, 1)$ としても状況は同じです．今，データの尤度に関する部分を除いて考えているのですが，データの尤度を考慮する場合については，それぞれの対応するパラメータ (例えば，$\boldsymbol{\mu}_1, \boldsymbol{\mu}_2, \boldsymbol{\mu}_5$) の添字番号も付け替えて対応させる必要があります．データの尤度を考慮する場合は，この後詳しくみていきます．

さて，このように潜在変数の数値の付替えを考えると常に $z_{1:n}$ に出現している潜在変数の数値を $\{1, 2, \ldots, |\mathcal{K}^+(z_{1:n})|\}$ のように連番にすることができます．したがって，

$$p(z_i = k | \boldsymbol{z}_{1:n}^{\backslash i}, \alpha) = \begin{cases} \dfrac{n_k}{n-1+\alpha} & \text{if} \quad k \in \mathcal{K}^+(z_{1:n}^{\backslash i}) \\ \dfrac{\alpha}{n-1+\alpha} & \text{if} \quad k = |\mathcal{K}^+(z_{1:n}^{\backslash i})| + 1 \end{cases} \tag{5.10}$$

となります．

このようにして，ディリクレ分布を無限次元化した分布から $\boldsymbol{z}_{1:n}$ の値をサンプリングするためのアルゴリズムが構成できることがわかりました．それでは，このようなアルゴリズムを混合ガウスモデルへ適用してみます．

5.2 無限混合ガウスモデル

ここでは，混合ガウスモデルに対し，ディリクレ分布を無限次元に拡張した**無限混合ガウスモデル**について説明します．とはいえ，ここまでの説明でほとんど導出は終わっているので，ギブスサンプリングのアルゴリズムの具体的な説明をすれば十分です．ディリクレ分布を無限次元に拡張してギブスサンプリングするためには，基本的には周辺化を行うため周辺化ギブスサンプリングとなります．ただし，必ずしもガウス分布の平均や分散を周辺化する必要はありません．

まず最初に，周辺化ギブスサンプリングについて説明します．周辺化ギブスサンプリングでは，潜在変数のサンプリングのみ行えばよく，

$$
\begin{aligned}
&p(z_i = k | \boldsymbol{x}_{1:n}, \boldsymbol{z}_{1:n}^{\backslash i}, \boldsymbol{\mu}_0, \rho_0, a_0, b_0, \alpha) \\
&\propto p(x_i | z_i = k, \boldsymbol{x}_{1:n}^{\backslash i}, \boldsymbol{z}_{1:n}^{\backslash i}, \boldsymbol{\mu}_0, \rho_0, a_0, b_0) \times p(z_i = k | \boldsymbol{z}_{1:n}^{\backslash i}, \alpha) \\
&= \begin{cases} \int p(x_i | \boldsymbol{\mu}_k, \tau) p(\boldsymbol{\mu}_k, \tau | \boldsymbol{x}_{1:n}^{\backslash i}, \boldsymbol{z}_{1:n}^{\backslash i}, \boldsymbol{\mu}_0, \rho_0, a_0, b_0) d\boldsymbol{\mu}_k d\tau & \times \dfrac{n_k^{\backslash i}}{n-1+\alpha} \\
\quad \text{if } k \in \mathcal{K}^+(z_{1:n}^{\backslash i}) & \\
\int p(x_i | \boldsymbol{\mu}_k, \tau) p(\boldsymbol{\mu}_k, \tau | \boldsymbol{\mu}_0, \rho_0, a_0, b_0)) d\boldsymbol{\mu}_k d\tau & \times \dfrac{\alpha}{n-1+\alpha} \\
\quad \text{if } k = |\mathcal{K}^+(z_{1:n}^{\backslash i})| + 1 &
\end{cases}
\end{aligned}
$$

(5.11)

となります．

有限混合モデルの場合と異なる点は，サンプリングの際に毎回新しいクラスもサンプリングの候補に入ることです．その際のデータに関する周辺化分布は，新しいクラスにはデータがまだないので，事前分布による周辺化になります．データの有無の違いはあれど計算方法に違いはありません．

次に，平均と分散もサンプリングする場合について説明します．平均や分散のサンプリングは有限の場合と同様です．異なるのは，潜在変数をサンプリングするときに新しいクラスが生成される確率が追加されるという点です．その際，新しいクラスに関するパラメータはないので，事前分布から新

しいクラスのパラメータをサンプリングします．具体的には，

$$
\begin{aligned}
&p(z_i = k | \boldsymbol{x}_{1:n}, \boldsymbol{z}_{1:n}^{\backslash i}, \alpha, \boldsymbol{\mu}_0, \rho_0, a_0, b_0) \\
&= \begin{cases} p(x_i|\boldsymbol{\mu}_k, \tau) \times \dfrac{n_k^{\backslash i}}{n-1+\alpha} & \text{if } k \in \mathcal{K}^+(z_{1:n}^{\backslash i}) \\ p(x_i|\boldsymbol{\mu}_k, \tau) \times \dfrac{\alpha}{n-1+\alpha} \\ \boldsymbol{\mu}_k \sim \mathcal{N}(\boldsymbol{\mu}_0, (\tau \rho_0)^{-1} \boldsymbol{I}) & \text{if } k = |\mathcal{K}^+(z_{1:n}^{\backslash i})| + 1 \end{cases}
\end{aligned} \quad (5.12)
$$

となります．

本書では，データを生成するガウス分布の共分散行列を $\tau^{-1}\boldsymbol{I}$ と簡易的に対角行列にしました．共分散行列をより厳密に推定する方法としては，『続・わかりやすいパターン認識』[4] に詳しい解説があります．また，本書とは別の視点でノンパラメトリックベイズモデルについての解説もありますので，参考にしてください．

5.3 周辺尤度からみるディリクレ分布の無限次元化

ディリクレ分布の無限次元化についてより詳細に分析するために，$K \to \infty$ とした場合の周辺尤度 $p(\boldsymbol{z}_{1:n}|\alpha)$ について分析してみましょう．もちろん，混合ガウスモデルでは，データも含めた周辺尤度

$$p(\boldsymbol{x}_{1:n}, \boldsymbol{z}_{1:n}|\boldsymbol{\mu}_0, \rho_0, a_0, b_0, \alpha) = p(\boldsymbol{x}_{1:n}|\boldsymbol{z}_{1:n}, \boldsymbol{\mu}_0, \rho_0, a_0, b_0)p(\boldsymbol{z}_{1:n}|\alpha)$$

は，クラスタリング結果 $\boldsymbol{z}_{1:n}$ に対する 1 つの "よさ" の指標になるので，周辺尤度を計算すること自体も意味があります．しかし，ここでは，無限次元に拡張したディリクレ分布の持つ性質を理解するために分析を行います．

式 (3.46)（p.36 参照）で $\alpha_k = \alpha/K$ とすればよいので，周辺尤度は

$$p(\boldsymbol{z}_{1:n}|\alpha) = \frac{\Gamma(\alpha)}{\Gamma(n+\alpha)} \prod_{k=1}^{K} \frac{\Gamma(n_k + \alpha/K)}{\Gamma(\alpha/K)} \quad (5.13)$$

となります．

$n > 0$ が整数のとき，式 (1.14)（p.6 参照）で紹介したガンマ関数が持つ

5.3 周辺尤度からみるディリクレ分布の無限次元化

性質 $\Gamma(n+\alpha) = (n-1+\alpha)\Gamma(n-1+\alpha)$ を用いれば[*3],

$$\Gamma(n_k + \alpha/K) = (n_k - 1 + \alpha/K)\Gamma(n_k - 1 + \alpha/K)$$
$$= (n_k - 1 + \alpha/K)(n_k - 2 + \alpha/K)\Gamma(n_k - 2 + \alpha/K)$$
$$\cdots$$
$$= \left(\prod_{j=1}^{n_k-1}(j + \alpha/K)\right)(\alpha/K)\Gamma(\alpha/K) \tag{5.14}$$

となるので,周辺尤度は

$$p(\boldsymbol{z}_{1:n}|\alpha) = \frac{\Gamma(\alpha)}{\Gamma(n+\alpha)} \prod_{k=1}^{K^+} \left[\left(\prod_{j=1}^{n_k-1}(j + \alpha/K)\right)\alpha/K\right]$$
$$= \frac{\Gamma(\alpha)}{\Gamma(n+\alpha)}(\alpha/K)^{K^+} \prod_{k=1}^{K^+} \left[\left(\prod_{j=1}^{n_k-1}(j + \alpha/K)\right)\right] \tag{5.15}$$

となります.ここで,$K^+ = |\mathcal{K}^+(z_{1:n})|$ としました.

さて,式 (5.15) により $\boldsymbol{z}_{1:n}$ に確率を付与することができるようになります.ここで,ディリクレ分布を無限次元にするために $K \to \infty$ を考えます.この場合,困ったことに,どのような $\boldsymbol{z}_{1:n}$ に対しても,$(1/K)^{K^+} \to 0$ から,$p(\boldsymbol{z}_{1:n}|\alpha) = 0$ となってしまいます.

サイコロの目の例で直感的に説明すると,自然数個のサイコロの目をとれるとき,n 個の特定の組 $\boldsymbol{z}_{1:n}$ の出る確率は 0 になることを表しています.これは,とりうるパターンが無限になるので当然です.したがって,このままでは無限次元のディリクレ分布に意味はなくなってしまうように思えます.つまり,本章で導出しているアルゴリズムがもたらす結果に意味がないように思えてしまいます.しかし,以下に説明するように確率過程として生成過程を捉えると,意味があることがわかります.

確率が 0 になってしまう原因は,$\lim_{K \to \infty}(1/K)^{K^+} = 0$ でした.ここで,この項に対して $\frac{K!}{(K-K_+)!}$ をかけた次の項の $K \to \infty$ での極限を考えてみます.

[*3] ガンマ関数は階数の拡張と考えるとわかりやすいです.$n > 0$ が整数のとき,$\Gamma(n) = (n-1)!$ となります.したがって,$\Gamma(n) = (n-1)\Gamma(n-1)$ となります.

$$\frac{K!}{(K-K_+)!K^{K_+}} = \frac{K(K-1)(K-2)\cdots(K-(K_+-1))(K-K_+)!}{(K-K_+)!K^{K_+}}$$
$$= 1\left(1-\frac{1}{K}\right)\left(1-\frac{2}{K}\right)\cdots\left(1-\frac{K_+-1}{K}\right)$$
$$\xrightarrow{K\to\infty} 1 \tag{5.16}$$

より，このような量を考えると確率が 0 になる問題は免れそうです．

実際に，

$$\frac{K!}{(K-K_+)!}p(\boldsymbol{z}_{1:n}|\alpha) \xrightarrow{K\to\infty} \frac{\Gamma(\alpha)}{\Gamma(n+\alpha)}(\alpha)^{K_+}\prod_{k=1}^{K^+}\left[\left(\prod_{j=1}^{n_k-1}j\right)\right]$$
$$= \frac{\Gamma(\alpha)}{\Gamma(n+\alpha)}\alpha^{K_+}\prod_{k=1}^{K^+}(n_k-1)! \tag{5.17}$$

となります．

では，式 (5.17) の意味を考えてみます．$\frac{K!}{(K-K_+)!}$ は，K 個のもとから K^+ 個を選んで得られる順列の総数を表します．すなわち，$\frac{K!}{(K-K_+)!}p(\boldsymbol{z}_{1:n}|\alpha)$ は，$z_{1:n}$ で得られたサイコロの目の出方に対して，その目の順列倍することで，$z_{1:n}$ のサイコロの目の数値そのものではなく，その数値によって表される分け方の割合の計算をしていることになります．もう少し具体的に説明しましょう．

$K=6$，$n=4$ 回の試行で $z_{1:4}=(3,1,5,3)$ と $z_{1:4}=(4,2,5,4)$ という目の出方を考えます．式 (5.15) から，$p(\boldsymbol{z}_{1:4}=(3,1,5,3)|\alpha)=p(\boldsymbol{z}_{1:4}=(4,2,5,4)|\alpha)$ であることがわかります．この理由は，ディリクレ分布のパラメータが π_k に対して同じ値となっているからです．つまり，非対称の場合には等しくはなりません．$K=6$ から実際に出ている目の種類数 $K^+=3$ の順列の目が出る確率はすべて等しくなります．したがって，K を固定した式 (5.17) は，これらの順列をすべて足し合わせたものの確率になっています．

順列をすべて足し合わせたものの確率というのは，出た目の値そのものに興味があるわけではなく，出た目が示す分割のパターンだけに興味があることを表しています．$(3,1,5,3)$ や $(4,2,5,4)$ の確率は同じであり，出た

目の順番に数値が昇順となる $(1,2,3,1)$ もまた同じ確率です．このような場合をすべて足し合したものの確率は，1 回目と 4 回目が同じ目で 2 回目と 3 回目はそれぞれ違う目である確率を表しています．このような順列の集合を，$(1,2,3,1)$ を代表として $[1,2,3,1]$ と表現します．また，$\boldsymbol{z}_{1:n}$ と区別して $[\boldsymbol{z}_{1:n}]$ と書くことにします．つまり，

$$p([\boldsymbol{z}_{1:n}]|\alpha) = \frac{K!}{(K-K_+)!}p(\boldsymbol{z}_{1:n}|\alpha) \tag{5.18}$$

となります．さらに，$K \to \infty$ のとき，式 (5.17) より

$$p([\boldsymbol{z}_{1:n}]|\alpha) = \frac{\Gamma(\alpha)}{\Gamma(n+\alpha)}\alpha^{K^+}\prod_{k=1}^{K^+}(n_k-1)! \tag{5.19}$$

となります．

ここまでをまとめると，

- $\alpha_k = \alpha/K$ としたディリクレ分布と多項分布を組み合わせることで，データの分割に対して確率分布（式 (5.18)）を定義することができます．すなわち，分割に対する生成モデルを作ることができます．ここで生成される $\boldsymbol{z}_{1:n}$ は数値そのものに意味があるわけではなく，分割の仕方を表現しているに過ぎません．例えば，$(z_1,z_2,z_3,z_4) = (2,5,1,2)$ が意味していることは，$\{\{z_1,z_4\},\{z_2\},\{z_3\}\}$ という分割を意味します．
- 分割に対する生成モデルでは，分割数 K を $K \to \infty$ としても，分割に関して確率が式 (5.19) によって計算可能です．これは無限個の分割の仕方に対して確率分布を定義できるともいえます．

式 (5.19) を用いて，z_i の条件付き分布を構成してみましょう．

$$\begin{aligned}p(z_i = k|\boldsymbol{z}_{1:n}^{\setminus i},\alpha) &= \frac{p([z_i=k,\boldsymbol{z}_{1:n}^{\setminus i}]|\boldsymbol{\alpha})}{p([\boldsymbol{z}_{1:n}^{\setminus i}]|\alpha)} \\ &= \frac{\Gamma(n-1+\alpha)}{\Gamma(n+\alpha)} \times \frac{\alpha^{|\mathcal{K}^+(\boldsymbol{z}_{1:n})|}}{\alpha^{|\mathcal{K}^+(\boldsymbol{z}_{1:n}^{\setminus i})|}} \times \frac{\prod_{k'\in\mathcal{K}^+(\boldsymbol{z}_{1:n})}(n_{k'}-1)!}{\prod_{k'\in\mathcal{K}^+(\boldsymbol{z}_{1:n}^{\setminus i})}(n_{k'}^{\setminus i}-1)!}\end{aligned}$$

$$= \frac{1}{n-1+\alpha} \times \alpha^{\delta(k \notin \mathcal{K}^+(z_{1:n}^{\backslash i}))} \times (n_k^{\backslash i})^{\delta(k \in \mathcal{K}^+(z_{1:n}^{\backslash i}))} \tag{5.20}$$

となり，式 (5.10) と一致します．最後の等式は，$z_i = k$ のとき，波線部分が $k' \neq k$ のとき $n_{k'}^{\backslash i} = n_{k'}$ なので分子と分母でキャンセルされ，$n_k^{\backslash i} = n_k - 1$ となるためです．

5.4　分割の確率モデル

ディリクレ–多項分布モデルにおいてディリクレ分布を無限次元化することで，分割に関する確率を式 (5.19) で与えることができました．実はこのモデルは，**中華料理店過程** (Chinese Restaurant Process, **CRP**) という確率過程としてディリクレ–多項分布モデルとは独立に提案されているものになっています[5]．ここでは，CRP について説明します．

CRP は確率過程なので，（仮想的に）時系列的な確率変数を考えます．今，$z_{1:n} = (z_1, z_2, \ldots, z_n)$ を $i = 1, 2, \ldots, n$ の順番に z_i のとる値を考えることにします．仮想的な時刻 $t = i$ のときに z_i のとる値をそれまでの $z_{1:i-1}$ およびパラメータ α を用いて，

$$p(z_i = k | z_{1:i-1}, \alpha) = \begin{cases} \dfrac{n_k}{i-1+\alpha} & \text{if} \quad k \in \mathcal{K}^+(z_{1:i-1}) \\ \dfrac{\alpha}{i-1+\alpha} & \text{if} \quad k = |\mathcal{K}^+(z_{1:i-1})| + 1 \end{cases} \tag{5.21}$$

の確率で決めることにします．

ここで，n_k は $z_{1:i-1}$ における k の出現回数です．これは式 (5.10) に似ていますが，ギブスサンプリングではなく，$z_{1:n}$ の生成過程であることに注意してください．

それでは，式 (5.21) にしたがって，CRP の動きを図 **5.3** を用いて説明していきます．CRP では，分割対象を客，テーブルを分割の仕方として，客がテーブルにつく様子を用いて分割を生成していきます．z_i は，i 番目の客が座ったテーブルを表現しています．

まず，一人目の客は，確率 1 でテーブル 1 に座り，$z_1 = 1$ とします．次に，二人目の客は，確率 $\frac{1}{1+\alpha}$ ですでに一人目がいるテーブルに座り，確率 $\frac{\alpha}{1+\alpha}$

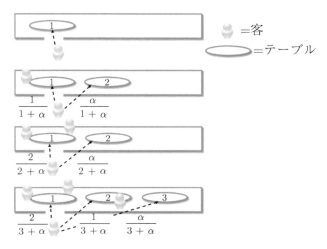

図 5.3 CRP の動作例.

で新しいテーブル 2 に座ります．今回は，$z_2 = 1$ としてみます．三人目の客は，確率 $\frac{2}{2+\alpha}$ でテーブル 1 に座り，確率 $\frac{\alpha}{2+\alpha}$ で新しいテーブル 2 に座ります．テーブルの人数が増えるほどそのテーブルに座る確率が高くなることに注目してください．$z_3 = 2$，すなわち新しいテーブルに座ったとしてみましょう．四人目の客は，確率 $\frac{2}{3+\alpha}$ でテーブル 1 に座り，確率 $\frac{1}{3+\alpha}$ でテーブル 2 に座り，確率 $\frac{\alpha}{3+\alpha}$ で新しいテーブル 3 に座ります．α の値を大きくすると，新しいテーブルに座る確率が高くなることにも注目してください．上記の過程を進めていくことで，n 人の客のテーブルの座席配置 $\bm{z}_{1:n}$ が生成され，各テーブルは n 人の分割の 1 つのサンプルを表現しています．

i 番目の客の座るルールは，$i-1$ 番目までの客の座席配置に依存しているので，$\bm{z}_{1:n}$ の確率は

$$\begin{aligned}
p(\bm{z}_{1:n}|\bm{\alpha}) &= p(z_n|\bm{z}_{1:n-1},\alpha)p(\bm{z}_{1:n-1}|\alpha) \\
&= p(z_n|\bm{z}_{1:n-1},\alpha)p(z_{n-1}|\bm{z}_{1:n-2},\alpha)p(\bm{z}_{1:n-2}|\alpha) \\
&= \prod_{i=1}^{n} p(z_i|\bm{z}_{1:i-1},\alpha) \quad (5.22)
\end{aligned}$$

と計算できます．

例えば,$p(\boldsymbol{z}_{1:5} = (1,1,2,3,1)|\alpha)$ の場合は,

$$
\begin{aligned}
p(\boldsymbol{z}_{1:5} &= (1,1,2,3,1)|\alpha) \\
&= p(z_1 = 1|\alpha) \times p(z_2 = 1|z_1, \alpha) \times p(z_3 = 2|\boldsymbol{z}_{1:2}, \alpha) \\
&\quad \times p(z_4 = 3|\boldsymbol{z}_{1:3}, \alpha) \times p(z_5 = 1|\boldsymbol{z}_{1:4}, \alpha) \\
&= \frac{\alpha}{\alpha} \times \frac{1}{1+\alpha} \times \frac{\alpha}{2+\alpha} \times \frac{\alpha}{3+\alpha} \times \frac{2}{4+\alpha} \\
&= \frac{1}{\prod_{i=1}^{5}(i-1+\alpha)} \alpha^3 \prod_{k=1}^{3}(n_k - 1)!
\end{aligned} \quad (5.23)
$$

となります.最後の計算のポイントは,

- $\boldsymbol{z}_{1:5}$ の中で新しいテーブルが生成される確率は α に比例するので,テーブル数を K^+ とすると α^{K^+} に比例する
- 一度テーブルが生成されると,既存のテーブルに着く確率は,昇順に $1,2,3,\ldots$ 倍と増えていくので $(n_k - 1)!$ に比例する
- 分母は,常に $\alpha(1+\alpha),(2+\alpha),\ldots$ と増えていくので $1/\prod_{i=1}^{5}(i-1+\alpha)$ に比例する

ことを考えれば,以下に続く説明のようにまとめることができます.また,式 (5.14) でも用いたガンマ関数の性質 (1.14)(p.6 参照)を用いれば

$$
\frac{1}{\prod_{i=1}^{n}(i-1+\alpha)} = \frac{\Gamma(\alpha)}{\Gamma(n+\alpha)} \quad (5.24)
$$

と計算できます.

したがって,これまでをまとめると CRP によって生成される分割の確率は

$$
\begin{aligned}
p(\boldsymbol{z}_{1:n}|\alpha) &= \prod_{i=1}^{n} p(z_i|\boldsymbol{z}_{1:i-1}, \alpha) = \alpha^{K^+} \prod_{i=1}^{n} \frac{\sum_{\ell=1}^{i-1} \delta(z_i = z_\ell)}{i-1+\alpha} \\
&= \frac{\Gamma(\alpha)}{\Gamma(n+\alpha)} \alpha^{K^+} \prod_{k=1}^{K^+}(n_k - 1)!
\end{aligned} \quad (5.25)
$$

と計算できます.これは,まさに式 (5.19) と同じ式になっています.

さらに CRP には面白い性質があります.CRP では,客の入る順番に

5.4 分割の確率モデル

依存した生成過程になっている一方で交換可能性があります[*4]. 例えば, $(z_1 = 1, z_2 = 1, z_3 = 2, z_4 = 3, z_5 = 1)$ の生成の順番を $(z_1 = 1, z_3 = 2, z_2 = 1, z_4 = 3, z_5 = 1)$ としてみましょう.

$$p((z_1 = 1, z_3 = 2, z_2 = 1, z_4 = 3, z_5 = 1)|\alpha)$$
$$= p(z_1 = 1|\alpha) \times p(z_3 = 2|z_1, \alpha) \times p(z_2 = 1|(z_1, z_3), \alpha)$$
$$\times p(z_4 = 3|z_1, z_3, z_2, \alpha) \times p(z_5 = 1|\boldsymbol{z}_{1:4}, \alpha)$$
$$= \frac{\alpha}{\alpha} \times \frac{\alpha}{1+\alpha} \times \frac{1}{2+\alpha} \times \frac{\alpha}{3+\alpha} \times \frac{2}{4+\alpha}$$
$$= \frac{1}{\prod_{i=1}^{5}(i-1+\alpha)} \alpha^3 \prod_{k=1}^{3}(n_k - 1)! \tag{5.26}$$

となり, 結果は一致します.

さらに, $(z_4 = 3, z_1 = 1, z_3 = 2, z_2 = 1, z_5 = 1)$ としてみましょう. CRP の先ほどの説明では, テーブルの生成の順番に値を付与しているので, 実はこのような値のとり方は CRP ではできません. しかし, これまで説明したように番号そのものに意味はなく分割の仕方に確率を割り当てているので, この分割は, $(z_4 = 1, z_1 = 2, z_3 = 3, z_2 = 2, z_5 = 2)$ と同じになります.

$$p((z_4 = 1, z_1 = 2, z_3 = 3, z_2 = 2, z_5 = 2)|\alpha)$$
$$= p(z_4 = 1|\alpha) \times p(z_1 = 2|z_4, \alpha) \times p(z_3 = 3|z_4, z_1, \alpha)$$
$$\times p(z_2 = 2|z_4, z_1, z_3, \alpha) \times p(z_5 = 2|\boldsymbol{z}_{1:4}, \alpha)$$
$$= \frac{\alpha}{\alpha} \times \frac{\alpha}{1+\alpha} \times \frac{\alpha}{2+\alpha} \times \frac{1}{3+\alpha} \times \frac{2}{4+\alpha}$$
$$= \frac{1}{\prod_{i=1}^{5}(i-1+\alpha)} \alpha^3 \prod_{k=1}^{3}(n_k - 1)! \tag{5.27}$$

となります.

テーブルの番号そのものに実際には意味がないので, 実は $(z_4 = 3, z_1 = 1, z_3 = 2, z_2 = 1, z_5 = 1)$ でも同様に確率を計算することができます. これはテーブルの生成された順番をテーブルの番号に対応させる必然性は特に

[*4] CRP の交換可能性は, 式 (5.25) が, $1:n$ の順番ではなく分割数の仕方のみに依存していることからも理解できるかと思います.

ないからです.あくまでも分割に関して確率を計算しています.前節で導入した $[\boldsymbol{z}_{1:n}]$ という表記は,CRP で $1, 2, \ldots, n$ の順番にテーブルを生成したときに得られる標準的な順列 $\boldsymbol{z}_{1:n}$ で代用できます.したがって,CRP を使う場合は [ ] の記号は必要ありません.また,CRP には交換可能性があるので,客の順番とテーブル番号の対応をどのようにしても構いません.したがって,ギブスサンプリングを用いる場合に,どのような順番で z_i をサンプリングしても構いません.

この節の最後に,パラメータ α に関する分析を行います.先にも述べたとおり,α の値が大きい場合には,それぞれの客は新しいテーブルに着く確率が高くなります.したがって,α とテーブル数には関係があることはわかります.α とテーブル数に関して以下の定理があります.

定理 5.1 (CRP から生成されるテーブルの期待値)

集中度パラメータ α の CRP から生成されるテーブル数の期待値は客の数が n 人のとき,$O(\alpha \log n)$ である.

証明.

$b_i \in \{0, 1\}$ を i 番目の客が新しいテーブルを生成したかどうかを表す変数とします.$b_i = 1$ のとき,新しいテーブルが生成されたことを意味します.このとき,新しいテーブルが生成される確率は,$p(b_i = 1 | \alpha) = \frac{\alpha}{\alpha + i - 1}$ なので,n 人の客が座るテーブル数の平均は

$$\mathbb{E}\left[\sum_{i=1}^{n} b_i\right] = \sum_{i=1}^{n} \mathbb{E}[b_i] = \sum_{i=1}^{n} \frac{\alpha}{\alpha + i - 1} = 1 + \sum_{i=1}^{n-1} \frac{\alpha}{\alpha + i}$$
$$< 1 + \sum_{i=1}^{n-1} \frac{\alpha}{i} < 1 + \alpha(1 + \log(n-1)) \tag{5.28}$$

となります.最後の不等式は

$$\sum_{i=1}^{n} \frac{1}{i} = 1 + \sum_{i=2}^{n} \frac{1}{i} = 1 + \sum_{i=1}^{n-1} \frac{1}{i+1} < 1 + \int_{1}^{n} \frac{1}{x} = 1 + \log n \tag{5.29}$$

を用いました. □

データ数 n が固定の場合，定理 5.1 から，CRP のテーブル数の期待値が α に依存することがわかります．したがって，クラスタリングの問題ではクラスタ数 K を決める代わりに α を決める問題にすり替わっただけのように思えます．しかし，これは，分割に対する事前分布としてこのような性質を仮定しているのであって，実際にはデータの性質 (尤度) なども考慮されてクラスタ数が決まります．

また，定理 5.1 は，$\alpha = 1$ のとき，分割が平均的に $\log n$ 程度になることを意味しています．クラス数としては，データ数 n に対して，だいたい $\log n$ 程度のオーダーでよいとあらかじめ考えていれば $\alpha = 1$ と設定しておけばよいことになります．実際，多くの応用例で $\alpha = 1$ と設定することが多く，これは定理 5.1 の結果がもとになっています．また，データの増加にともないテーブル数が平均として増える可能性があることも式 (5.28) の 1 行目の表現からわかります．

5.5 ディリクレ過程

ここでは，CRP の背後にある**ディリクレ過程** (Dirichlet process) について説明します．無限混合ガウスモデルで見てきたように，実際には各潜在変数 (各分割) にはそれぞれパラメータが対応しています．したがって，実際には CRP の各テーブルにはそれぞれパラメータが対応することになります．この様子を，無限混合ガウスモデルの生成過程を CRP で記述した場合を例に説明します．簡単のため，パラメータとして平均 $\boldsymbol{\mu}_k$ のみ考え，分散はここでは固定値をとることにします．

CRP を使った無限混合ガウスモデルによる $\boldsymbol{x}_{1:n}$ の生成過程は

$$\boldsymbol{\mu}_k \sim \mathcal{N}(\boldsymbol{\mu}_0, \sigma_0^2 \boldsymbol{I}) \ (k = 1, 2, \ldots), \tag{5.30}$$

$$z_i \sim \mathrm{CRP}(\alpha) \ (i = 1, 2, \ldots, n), \tag{5.31}$$

$$\boldsymbol{x}_i \sim \mathcal{N}(\boldsymbol{\mu}_{z_i}, \sigma_0^2 \boldsymbol{I}) \tag{5.32}$$

と書けます．データの並び順に依存した生成過程のように見えますが，CRP

には交換可能性があるので実際にはデータの並び順に依存しないことに注意してください*5.

ここで, $\bm{x}_i$ を生成するパラメータを $\bm{\theta}_i$ と書くようにする. すなわち, 生成過程の式 (5.32) を

$$\bm{x}_i \sim \mathcal{N}(\bm{\theta}_i, \sigma_0^2 \bm{I}) \tag{5.33}$$

と書くようにしてみます. これは, $\bm{\mu}_k$ と z_i で表現していたパラメータ $\bm{\mu}_{z_i}$ を $\bm{\theta}_i$ と 1 つの表現で書いた式になっています (つまり, $\bm{\theta}_i = \bm{\mu}_{z_i}$).

この結果, 生成過程の式 (5.30) と式 (5.31) は, 合わせて

$$\bm{\theta}_i = \begin{cases} \bm{\mu}_k \ (k=1,\ldots,K^+) & \dfrac{n_k^{1:i-1}}{i-1+\alpha} \text{の確率で} \\ \bm{\mu}_{K^++1} \sim \mathcal{N}(\bm{\mu}_0, \sigma_0^2 \bm{I}) & \dfrac{\alpha}{i-1+\alpha} \text{の確率で} \end{cases} \tag{5.34}$$

と書くことができます.

ここで, $n_k^{1:i-1} = \sum_{i'=1}^{i-1} \delta(\bm{\theta}_{i'} = \bm{\mu}_k)$ とします. この表現では, 図 5.4 で示すとおり, 各テーブルに $\bm{\mu}_k$ が対応しており, $\bm{\mu}_k$ をテーブル k で食べられる料理と考えます. $\bm{\theta}_i$ は, 客 i がどの料理を食べているか (どの料理が置かれたテーブルに付いているか) を表しています. また, $\mathcal{N}(\bm{x}_i|\bm{\theta}_i, \sigma_0^2 \bm{I})$ は, 料理 $\bm{\theta}_i$ に対して客 i が持つ選好度だと考えることができます.

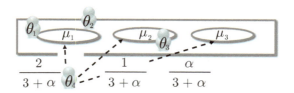

図 5.4 CRP の動作例.

---

*5 CRP では, 前のテーブル配置に依存するので $z_i \sim \mathrm{CRP}(z_{1:i-1}, \alpha)$ と書いたほうが正確かもしれませんが, 式 (5.21) の一連の生成過程をまとめて $z_i \sim \mathrm{CRP}(\alpha)$ $(i=1,2,\ldots,n)$ と書いています.

5.5 ディリクレ過程

ここまでの議論を一般化して説明します．$H_0(\boldsymbol{\theta}|\eta)$ を $\boldsymbol{\theta}$ 上の確率分布とします．$H_0(\boldsymbol{\theta}|\eta)$ から生成される $\boldsymbol{\theta}_i$ の実現値を上添字括弧付きで $\boldsymbol{\theta}^{(k)}$ と書くことにします（先の例では平均 $\boldsymbol{\mu}_k$ でした）．$n_k^{1:i-1} = \sum_{i'=1}^{i-1} \delta(\boldsymbol{\theta}_{i'} = \boldsymbol{\theta}^{(k)})$ とします．$\boldsymbol{\theta}_i$ $(i=1,\ldots,n)$ の生成過程を，

$$\boldsymbol{\theta}_i = \begin{cases} \boldsymbol{\theta}^{(k)} \ (k=1,\ldots,K^+) & \dfrac{n_k^{1:i-1}}{i-1+\alpha} \text{の確率で} \\ \boldsymbol{\theta}^{(K^++1)} \sim H_0(\eta) & \dfrac{\alpha}{i-1+\alpha} \text{の確率で} \end{cases} \quad (5.35)$$

と仮定します．
このとき，$p(\boldsymbol{\theta}_{1:n}|\alpha,\eta) = \prod_{i=1}^{n} p(\boldsymbol{\theta}_i|\boldsymbol{\theta}_{1:i-1},\alpha,\eta)$ は

$$p(\boldsymbol{\theta}_{1:n}|\alpha,\eta) = \frac{\Gamma(\alpha)}{\Gamma(n+\alpha)} \alpha^{K^+} \prod_{k=1}^{K^+} \left((n_k - 1)! H_0(\boldsymbol{\theta}^{(k)}|\eta) \right) \quad (5.36)$$

となります．これは CRP の場合の式 (5.25) の導出と同様で，$\prod_{k=1}^{K^+} H_0(\boldsymbol{\theta}^{(k)}|\eta)$ が追加されただけです．そもそも，CRP で各テーブルに料理 $\boldsymbol{\theta}^{(k)}$ が生成される部分が追加されただけなので直感的にも理解しやすいと思います．

CRP における式 (5.25) を用いて，式 (5.36) は，

$$p(\boldsymbol{\theta}_{1:n}|\alpha,\eta) = p(\boldsymbol{z}_{1:n}|\alpha) \prod_{k=1}^{K^+} H_0(\boldsymbol{\theta}^{(k)}|\eta) \quad (5.37)$$

と書けます．
式 (5.35) で表現される生成モデルは，CRP の性質から $p(\boldsymbol{\theta}_{1:n}|\alpha,\eta)$ に交換可能性があります [*6]．したがって，定理 3.2（p.22 参照）のデ・フィネッティの定理によれば，次のことがいえます．

[*6] 式 (5.36) もやはり $1:n$ の順番ではなく分割数の仕方のみに依存していることに注意してください．

式 (5.35) の確率過程に従う $(\boldsymbol{\theta}_1, \boldsymbol{\theta}_2, \ldots, \boldsymbol{\theta}_n)$ は交換可能なので，ある確率変数 G を用いて，

$$p(\boldsymbol{\theta}_1, \boldsymbol{\theta}_2, \ldots, \boldsymbol{\theta}_n | \alpha, \eta) = \int \prod_{i=1}^{n} p(\boldsymbol{\theta}_i | G) p(G | \alpha, \eta) dG \quad (5.38)$$

と表現することができます．

このとき，G は $\boldsymbol{\theta}$ の確率分布になっており，実際には $p(\boldsymbol{\theta}_i | G) = G(\boldsymbol{\theta}_i)$ と計算されます [*7]．

デ・フィネッティの定理によって CRP の背後にある G やそれを生成する $p(G)$ の存在が明らかになりました．このような $G \sim p(G|\alpha, \eta)$ は**ディリクレ過程** (Dirichlet process) と呼ばれています [1]．G がディリクレ過程に従っているとき，α および $H_0(\theta|\eta)$ を用いて

$$G \sim \mathrm{DP}(\alpha, H_0) \quad (5.39)$$

と表現します．α は**集中度パラメータ** (concentration parameter)，$H_0(\boldsymbol{\theta}|\eta)$ は**基底分布** (base distribution) と呼ばれています．実際には，G は無限次元の離散分布になっているのですが，より詳しい数理的な内容は 9 章で説明します．

5.6 集中度パラメータ α の推定 ***

α をギブスサンプリングにより推定する方法 [6] について説明します．

まず，ベータ分布（2 次元のディリクレ分布）を考えます．$\pi \in [0,1]$ が a_1 および a_2 をパラメータとするベータ分布に従っているとすると，

$$1 = \frac{\Gamma(a_1 + a_2)}{\Gamma(a_1)\Gamma(a_2)} \int \pi^{a_1-1}(1-\pi)^{a_2-1} d\pi \quad (5.40)$$

となります．ここで，$a_1 = \alpha + 1$，$a_2 = n$ を代入すると，

[*7] ちょうど多項分布では π_k を k が出現する確率としたとき，$\mathrm{Multi}(z_i = k|\boldsymbol{\pi}) = \pi_k$ と計算されることと似ています．

5.6 集中度パラメータ α の推定 ***

$$1 = \frac{\Gamma(\alpha+1+n)}{\Gamma(\alpha+1)\Gamma(n)} \int \pi^\alpha (1-\pi)^{n-1} d\pi$$

$$\Leftrightarrow 1 = \frac{(\alpha+n)\Gamma(\alpha+n)}{\alpha\Gamma(\alpha)\Gamma(n)} \int \pi^\alpha (1-\pi)^{n-1} d\pi$$

$$\Leftrightarrow \frac{\Gamma(\alpha)}{\Gamma(\alpha+n)} = \frac{(\alpha+n)}{\alpha\Gamma(n)} \int \pi^\alpha (1-\pi)^{n-1} d\pi \tag{5.41}$$

となります.

次に, α の事前分布を $p(\alpha|c_1, c_2) = \mathrm{Ga}(\alpha|c_1, c_2)$ と仮定すると, α の事後分布は

$$\begin{aligned}
p(\alpha|\boldsymbol{z}_{1:n}, c_1, c_2) &\propto p(\alpha, \boldsymbol{z}_{1:n}|c_1, c_2) = p(\boldsymbol{z}_{1:n}|\alpha)p(\alpha|c_1, c_2) \\
&= \underline{\frac{\Gamma(\alpha)}{\Gamma(n+\alpha)}} \alpha^{K^+} \prod_{k=1}^{K^+} (n_k - 1)! \times \frac{c_2^{c_1}}{\Gamma(c_1)} \alpha^{c_1-1} \exp(-c_2\alpha) \\
&= \underline{\frac{(\alpha+n)}{\alpha\Gamma(n)} \int \pi^\alpha (1-\pi)^{n-1} d\pi} \\
&\quad \times \alpha^{K^+} \prod_{k=1}^{K^+} (n_k - 1)! \times \frac{c_2^{c_1}}{\Gamma(c_1)} \alpha^{c_1-1} \exp(-c_2\alpha)
\end{aligned} \tag{5.42}$$

となります. 最後の等式は, 式 (5.41) を用いました.

ここで, $\int \pi^\alpha (1-\pi)^{n-1} d\pi$ に注目します. 確率変数の周辺化を考えると $p(\alpha|\boldsymbol{z}_{1:n}, c_1, c_2) = \int p(\alpha, \pi|\boldsymbol{z}_{1:n}, c_1, c_2) d\pi$ であるので, 式 (5.42) から,

$$\begin{aligned}
p(\alpha, \pi|\boldsymbol{z}_{1:n}, c_1, c_2) &= \frac{(\alpha+n)}{\alpha\Gamma(n)} \underline{\pi^\alpha (1-\pi)^{n-1}} \\
&\quad \times \alpha^{K^+} \prod_{k=1}^{K^+} (n_k - 1)! \times \frac{c_2^{c_1}}{\Gamma(c_1)} \alpha^{c_1-1} \exp(-c_2\alpha)
\end{aligned} \tag{5.43}$$

となります. 式 (5.43) を π に対して積分すれば式 (5.42) になることは自明です.

また,

$$p(\alpha, \pi | \boldsymbol{z}_{1:n}, c_1, c_2) \propto \frac{(\alpha+n)}{\alpha} \pi^\alpha (1-\pi)^{n-1} \alpha^{K^+} \alpha^{c_1-1} \exp(-c_2\alpha)$$
$$= \left(1 + \frac{n}{\alpha}\right) \pi^\alpha (1-\pi)^{n-1} \alpha^{K^+} \alpha^{c_1-1} \exp(-c_2\alpha) \tag{5.44}$$

より，さらに確率変数 $s \in \{0,1\}$ を導入して，

$$p(\alpha, \pi, s | \boldsymbol{z}_{1:n}, c_1, c_2) \propto \left(\frac{n}{\alpha}\right)^s \pi^\alpha (1-\pi)^{n-1} \alpha^{K^+} \alpha^{c_1-1} \exp(-c_2\alpha) \tag{5.45}$$

とすることができます．これは，s による式 (5.45) の周辺化

$$p(\alpha, \pi, s | \boldsymbol{z}_{1:n}, c_1, c_2) = \sum_{s \in \{0,1\}} p(\alpha, \pi, s | \boldsymbol{z}_{1:n}, c_1, c_2)$$

となっていることに注意してください．

それでは，式 (5.45) を用いてギブスサンプリングの条件付き分布を導出しましょう．まず，式 (5.45) から π に関係のある部分だけ切り出してくると

$$p(\pi | \alpha, s, \boldsymbol{z}_{1:n}, c_1, c_2) \propto \pi^\alpha (1-\pi)^{n-1} \tag{5.46}$$

となり，これはベータ分布なので，

$$\pi \sim \text{Beta}(\pi | \alpha+1, n) \tag{5.47}$$

によってサンプリングします．

次に，式 (5.45) から s に関係のある部分だけ切り出してくると

$$p(s | \alpha, \pi, \boldsymbol{z}_{1:n}, c_1, c_2) \propto \left(\frac{n}{\alpha}\right)^s \tag{5.48}$$

となり，これはベルヌーイ分布なので，

$$s \sim \text{Bernoulli}\left(s \left| \frac{\frac{n}{\alpha}}{1+\frac{n}{\alpha}} \right.\right) \tag{5.49}$$

によってサンプリングします．

最後に，式 (5.45) から α に関係のある部分だけ切り出してくると

$$p(\alpha|\pi, z_{1:n}, c_1, c_2) \propto \alpha^{-s} \pi^\alpha \alpha^{c_1+K^+-1} \exp(-c_2\alpha)$$
$$= \alpha^{c_1+K^+-s-1} \exp\left(-(c_2 - \log\pi)\alpha\right) \quad (5.50)$$

となり，これはガンマ分布なので，

$$\alpha \sim \text{Ga}(\alpha|c_1 + K^+ - s, c_2 - \log\pi) \quad (5.51)$$

によってサンプリングします．

したがって，z_i のサンプリングに加えて，π, s, α のサンプリングも行います．この方法は，データの尤度の周辺化の有無に関係ないことに注意してください．これは，実際に必要な値が，K^+ および n のみであることからもわかります．

5.7 その他の話題

ここでは，本書で紹介できない話題について文献をいくつか紹介してきます．ノンパラメトリックベイズモデルの研究は非常に多岐に渡るため，それらすべての文献を説明する紙面はありません．そのため，現在発展している研究テーマにおいて基礎的な役割を果たす文献を挙げることにします．

本書では，ギブスサンプリングをもとに学習アルゴリズムを紹介しましたが，逐次的なアルゴリズムとして逐次モンテカルロ方に基づく方法も提案されています[7,8]．また，紙面の都合上，CRP を中心にディリクレ過程を説明していますが，ディリクレ過程を構成する別の方法として**棒折り過程** (stick-breaking process, **SBP**) があります[9]．

SBP は，π を周辺化せずに陽に無限次元の π を構成してしまう方法です．ただし，学習アルゴリズムでは実際に無限次元の確率ベクトルを扱うことができないため，次元の上限を設けて打ち切る必要があります．そのような打ち切り SBP に関してギブスサンプリングが提案されています[10,11]．近年では，スライスサンプリング[12]を用いることで非常に数学的に美しい方法で，打ち切りを行わずに SBP をベイズ推定するサンプリングアルゴリズム

が提案されています[13].

サンプリングアルゴリズムの他に変分ベイズ法に基づく方法も提案されています[14,15,16]. 変分ベイズ法は決定的なアルゴリズムなので, サンプリングアルゴリズムよりも学習速度は速いという長所があります. しかし, 変分ベイズ法を用いる場合は次元数 (クラス数) の上限をあらかじめ決めておく必要があるという短所があります. 上限を決めるだけで, 次元数 (クラス数) そのものを決める必要があるわけではないため, 通常の有限混合モデルに比べると有用性はあります.

本書では, 混合モデルのノンパラメトリックベイズモデルを主に紹介しますが, トピックモデルや隠れマルコフモデルのノンパラメトリックベイズモデルを構築するために階層ディリクレ過程が提案されています[17]. 階層ディリクレ過程を用いたトピックモデルについては, 本シリーズの『トピックモデル』[18]で紹介されています.

Chapter 6

構造変化推定への応用

本章では,ノンパラメトリックベイズモデルの応用例として時系列データの構造変化推定について説明します.

6.1 統計モデルを用いた構造変化推定

　時系列データを解析する際の一つの問題設定として,データの**構造変化推定**が考えられます.データの性質の変化を分析する問題は変化点検知として幅広く研究されている重要なテーマです.ここでは,統計モデルを用いた方法について簡単に説明し,ノンパラメトリックベイズ法を用いる動機について説明します.より広範囲な変化検知アルゴリズムについては,本シリーズの『異常検知と変化検知』[19]で詳しく紹介されていますので,興味のある方は参考にしてください.

　最も基本的な時系列データの統計モデルとして回帰モデルを考えます.時刻 t において得られる時系列データを $y_t \in \mathbb{R}$, $\boldsymbol{x}_t \in \mathbb{R}^d$ とします.y_t と $\boldsymbol{x}_t$ の関係を

$$y_t = \boldsymbol{\theta}_t^\top \boldsymbol{x}_t + u_t,\ u_t \sim \mathcal{N}(0, \sigma_t^2) \tag{6.1}$$

と仮定します.ここで,$\boldsymbol{x}_t$ を (データベクトル, $1)^\top$ として定数項を吸収した記述とします.

このような統計モデルを考えると,モデルのパラメータ $(\boldsymbol{\theta}_t, \sigma_t^2)$ の構造変化としてデータの性質の変化を捉えることができます.例えば,古典的かつ有名な方法としてチャウ (Chow) 検定では,ある時刻を境に時系列データを二つのグループに分け,各々のグループで回帰モデルのパラメータを推定し,それぞれの回帰モデルの違いを統計的検定にかけることで,その時刻での構造変化を分析します.

しかし,このような検定に基づく方法ではあらかじめ分析対象となる時刻の候補をみつける必要があります.さらに,時系列データでは,複数の変化があることが予想され,データ中にいくつの変化があるのかもわからないことがしばしば考えられます.もちろん,時系列データをプロットして眺めることができる場合はある程度あたりをつけることができますが,多次元データの場合にはそうはいきません.このような問題に対して,古澄と長谷川[20]は,線形回帰モデルの無限混合モデルを用いて構造変化推定をする方法を提案しています.計量経済学では,このような解析方法が 2000 年代前半にはすでに取り入れられていたようです.

図 **6.1** にモデルによるデータの構造変化推定の例を示します.基本的なアイデアとしては,各データがある確率を持って複数のモデルから生成されていると仮定し,時系列的な生成過程の変化を推定することで,データの構造

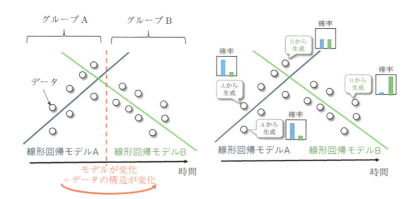

図 **6.1** モデルの変化によるデータの構造変化推定.時間軸上で $y_t = a_t t + b_t$, $b_t \sim \mathcal{N}(0, \sigma_t^2)$ のようにデータが生成されたとする.

的な変化を推定します．

6.2 ディリクレ過程に基づく無限混合線形回帰モデルによる構造変化推定

それでは，無限混合線形回帰モデルによる構造変化推定について説明します．まず，式 (6.1) の線形回帰モデルは

$$y_t \sim \mathcal{N}(\boldsymbol{\theta}_t^\top \boldsymbol{x}_t, \sigma_t^2) \tag{6.2}$$

という生成過程として捉えることができます．

次に，$(\boldsymbol{\theta}_t, \sigma_t^2)$ の生成過程をディリクレ過程を用いて

$$G \sim \mathrm{DP}(\alpha, \mathcal{N}(\boldsymbol{\mu}, \Sigma)\mathrm{IG}(n_0/2, \tau/2)), \tag{6.3}$$

$$(\boldsymbol{\theta}_t, \sigma_t^2) \sim G \quad (t = 1, 2, \ldots, T) \tag{6.4}$$

とします．これは，式 (5.39)（p.80 参照）の基底分布 H_0 を

$$H_0(\boldsymbol{\theta}, \sigma^2 | \boldsymbol{\mu}, \Sigma, n_0, \tau) = \mathcal{N}(\boldsymbol{\theta}|\boldsymbol{\mu}, \Sigma) \cdot \mathrm{IG}(\sigma^2|n_0/2, \tau/2) \tag{6.5}$$

としたものです．

実際には，G を積分消去した

$$p(\boldsymbol{\theta}_{1:T}, \boldsymbol{\sigma}_{1:T}^2 | \boldsymbol{\mu}, \Sigma, n_0, \tau, \alpha) = \int p(\boldsymbol{\theta}_{1:T}, \boldsymbol{\sigma}_{1:T}^2 | G) p(G | \boldsymbol{\mu}, \Sigma, n_0, \tau, \alpha) dG \tag{6.6}$$

を考えるわけですが，これは次のような生成過程によって生成された $(\boldsymbol{\theta}_{1:T}, \boldsymbol{\sigma}_{1:T}^2)$ の結合分布になっているのは，前章でみてきたとおりです．

$$(\boldsymbol{\theta}_t, \sigma_t^2)$$
$$= \begin{cases} (\boldsymbol{\theta}^{(k)}, (\sigma^{(k)})^2), \\ \quad k \in \{1, \ldots, K_{t-1}^+\} \text{ のとき} & (\frac{n_{t-1,k}}{t-1+\alpha} \text{の確率で}) \\ (\boldsymbol{\theta}^{(K_{t-1}^++1)}, (\sigma^{(K_{t-1}^++1)})^2) \sim \mathcal{N}(\boldsymbol{\mu}, \Sigma)\text{IG}(n_0/2, \tau/2), \\ & (\frac{\alpha}{t-1+\alpha} \text{の確率で}) \end{cases} \quad (6.7)$$

ここで，K_{t-1}^+ を $\boldsymbol{z}_{1:t-1}$ がそれぞれとる値の種類の数，$n_{t-1,k}$ を $\boldsymbol{z}_{1:t-1}$ 中に含まれる k の出現回数とします．

また，$\boldsymbol{\mu}$, Σ, τ の生成過程も考慮し

$$\boldsymbol{\mu} \sim \mathcal{N}(\boldsymbol{\mu}_0, V_0), \quad (6.8)$$
$$\Sigma^{-1} \sim W(\nu_0, \Sigma_0), \quad (6.9)$$
$$\tau \sim \text{Ga}(m_0/2, \tau_0/2) \quad (6.10)$$

とします．

6.3 ディリクレ過程に基づく無限混合線形回帰モデルのギブスサンプリング

無限混合線形回帰モデルのギブスサンプリングを導出します．導出の方針は，これまでと同様に，まずは結合分布を計算し，条件付き分布の積に分解していきます．

$z_t = k$ のとき，$(\boldsymbol{\theta}_t, \sigma_t^2) = (\boldsymbol{\theta}^{(k)}, (\sigma^{(k)})^2)$ を表現する潜在変数 z_t を導入します．K_T^+ を $\boldsymbol{z}_{1:T}$ がそれぞれとる値の種類数とし，$K_T^{+\backslash t}$ を $\boldsymbol{z}_{1:T} \backslash z_t$ がそれぞれとる値の種類数とします．時系列データを $(y_t, \boldsymbol{x}_t)_{t=1}^T$ とします．

G を積分消去した結合分布は

$$p\left(\boldsymbol{y}_{1:T}, \boldsymbol{x}_{1:T}, \boldsymbol{\theta}_{1:T}, \boldsymbol{\sigma}_{1:T}^2, \boldsymbol{\mu}, \Sigma, \tau \mid \boldsymbol{\mu}_0, \Sigma_0, n_0, \tau_0, m_0, \alpha\right)$$
$$\propto \left[\prod_{t=1}^T p\left(y_t | \boldsymbol{x}_t, \boldsymbol{\theta}_t, \sigma_t^2\right)\right] \underline{p(\boldsymbol{\theta}_{1:T}, \boldsymbol{\sigma}_{1:T}^2 | \boldsymbol{\mu}, \Sigma, n_0, \tau, \alpha)}$$

6.3 ディリクレ過程に基づく無限混合線形回帰モデルのギブスサンプリング

$$\times p(\boldsymbol{\mu}|\boldsymbol{\mu}_0, V_0)p(\Sigma|\nu_0, \Sigma_0)p(\tau|\tau_0, m_0)$$

(破線部分に式 (5.37) と同様の書き換えを行い,$z_{1:T}$ を導入すると)

$$= \left[\prod_{t=1}^T p\left(y_t|\boldsymbol{x}_t, z_t, \boldsymbol{\theta}^{(1:K^+)}, (\boldsymbol{\sigma}^2)^{(1:K^+)}\right)\right]\left[\prod_{k=1}^{K^+}\underbrace{p(\boldsymbol{\theta}^{(k)}|\boldsymbol{\mu}, \Sigma)p((\sigma^{(k)})^2|n_0, \tau)}_{=H_0(\boldsymbol{\theta}^{(k)}, (\sigma^{(k)})^2)}\right]$$

$$\times \underline{p(\boldsymbol{z}_{1:T}|\alpha)}p(\boldsymbol{\mu}|\boldsymbol{\mu}_0, V_0)p(\Sigma|\nu_0, \Sigma_0)p(\tau|\tau_0, m_0) \tag{6.11}$$

となります.ここで,$(\boldsymbol{\sigma}^2)^{(1:K^+)} = ((\sigma^{(k)})^2, \ldots, (\sigma^{(k)})^2)$ としました.

それでは,z_t の条件付き確率から計算していきましょう.ここでは,ある程度計算を省略して書きます.ここまで読んでこられた読者ならば容易に理解できるはずです.式 (6.11) の結合分布から z_t に関係のある部分だけ切り出せばよいので,

$$p(z_t = k|y_t, \boldsymbol{x}_t, \boldsymbol{\theta}^{(1:K^+)}, (\boldsymbol{\sigma}^2)^{(1:K^+)}, \boldsymbol{z}_{1:T}^{\setminus t})$$
$$\propto p\left(y_t|\boldsymbol{x}_t, z_t = k, \boldsymbol{\theta}^{(1:K^+)}, (\boldsymbol{\sigma}^2)^{(1:K^+)}\right)p(z_t = k|\boldsymbol{z}_{1:T}^{\setminus t}, \alpha)$$
$$= \mathcal{N}\left(y_t\middle|\boldsymbol{\theta}^{(k)\top}\boldsymbol{x}_t, (\sigma^{(k)})^2\right)p(z_t = k|\boldsymbol{z}_{1:T}^{\setminus t}, \alpha) \tag{6.12}$$

となります.$p(z_t|\boldsymbol{z}_{1:T}^{\setminus t}, \alpha)$ は CRP になるので,

$$p(z_t = k|y_t, \boldsymbol{x}_t, \boldsymbol{\theta}^{(1:K^+)}, (\boldsymbol{\sigma}^2)^{(1:K^+)}, \boldsymbol{z}_{1:T}^{\setminus t})$$
$$\propto \begin{cases} \mathcal{N}\left(y_t\middle|\boldsymbol{\theta}^{(k)\top}\boldsymbol{x}_t, (\sigma^{(k)})^2\right) & \times \frac{n_k^{\setminus t}}{T-1+\alpha} \ (k \in \{1, \ldots, K^{+\setminus t}\}) \\ \mathcal{N}\left(y_t\middle|\boldsymbol{\theta}^{(\text{new})\top}\boldsymbol{x}_t, (\sigma^{(\text{new})})^2\right) & \times \frac{\alpha}{T-1+\alpha} \end{cases} \tag{6.13}$$

となります.ここで,

$$(\boldsymbol{\theta}^{(\text{new})}, (\sigma^{(\text{new})})^2) \sim \mathcal{N}(\boldsymbol{\mu}, \Sigma)\text{IG}(n_0/2, \tau/2) \tag{6.14}$$

です.

次に，$\boldsymbol{\theta}^{(k)}$ の条件付き分布を計算します．$\mathcal{T}_k = \{t | z_t = k\}$ とすると，式 (6.11) の結合分布から $\boldsymbol{\theta}^{(k)}$ に関係のある部分だけ切り出せばよいので，

$$
\begin{aligned}
p(\boldsymbol{\theta}^{(k)} &| y_{1:T}, \boldsymbol{x}_{1:T}, \boldsymbol{z}_{1:T}, (\sigma^{(k)})^2, \boldsymbol{\mu}, \Sigma) \\
&\propto \left[\prod_{t \in \mathcal{T}_k} p\left(y_t \,\middle|\, \boldsymbol{x}_t, \boldsymbol{\theta}^{(k)}, (\sigma^{(k)})^2 \right) \right] p(\boldsymbol{\theta}^{(k)} | \boldsymbol{\mu}, \Sigma) \\
&\propto \left[\prod_{t \in \mathcal{T}_k} \mathcal{N}\left(y_t \,\middle|\, \boldsymbol{\theta}^{(k)\top} \boldsymbol{x}_t, (\sigma^{(k)})^2 \right) \right] \mathcal{N}(\boldsymbol{\theta}^{(k)} | \boldsymbol{\mu}, \Sigma) \quad (6.15)
\end{aligned}
$$

となります．

$\boldsymbol{\theta}^{(k)}$ に関して，ガウス分布の指数関数内を計算していきます．ここで，次の対称行列 A とベクトル $\boldsymbol{x}$, $\boldsymbol{b}$ に関する一般的な計算式

$$
-\frac{1}{2}\boldsymbol{x}^\top A \boldsymbol{x} + \boldsymbol{b}^\top \boldsymbol{x} - \frac{1}{2}\boldsymbol{b}^\top A^{-1} \boldsymbol{b} = -\frac{1}{2}(\boldsymbol{x} - A^{-1}\boldsymbol{b})^\top A (\boldsymbol{x} - A^{-1}\boldsymbol{b}) \tag{6.16}
$$

が役に立ちます．

式 (6.15) のガウス分布の指数関数内は

$$
-\sum_{t \in \mathcal{T}_k} \frac{1}{2(\sigma^{(k)})^2} \| y_t - \boldsymbol{\theta}^{(k)\top} \boldsymbol{x}_t \|^2 - \frac{1}{2}(\boldsymbol{\theta}^{(k)} - \boldsymbol{\mu})^\top \Sigma^{-1} (\boldsymbol{\theta}^{(k)} - \boldsymbol{\mu}) \quad (6.17)
$$

になりますが，ここで展開後に $\boldsymbol{\theta}^{(k)}$ を含む項だけ切り出すと

$$
\begin{aligned}
&-\frac{1}{2}\boldsymbol{\theta}^{(k)\top} \left(\sum_{t \in \mathcal{T}_k} \frac{\boldsymbol{x}_t \boldsymbol{x}_t^\top}{(\sigma^{(k)})^2} \right) \boldsymbol{\theta}^{(k)} + \left(\sum_{t \in \mathcal{T}_k} \frac{y_t \boldsymbol{x}_t^\top}{(\sigma^{(k)})^2} \right) \boldsymbol{\theta}^{(k)} \\
&\qquad\qquad\qquad - \frac{1}{2}\boldsymbol{\theta}^{(k)\top} \Sigma^{-1} \boldsymbol{\theta}^{(k)} + \boldsymbol{\mu}^\top \Sigma^{-1} \boldsymbol{\theta}^{(k)} \\
&= -\frac{1}{2}\boldsymbol{\theta}^{(k)\top} \underbrace{\left(\sum_{t \in \mathcal{T}_k} \frac{\boldsymbol{x}_t \boldsymbol{x}_t^\top}{(\sigma^{(k)})^2} + \Sigma^{-1} \right)}_{= A \text{ とみれば}} \boldsymbol{\theta}^{(k)} + \underbrace{\left(\sum_{t \in \mathcal{T}_k} \frac{y_t \boldsymbol{x}_t}{(\sigma^{(k)})^2} + \Sigma^{-1}\boldsymbol{\mu} \right)^\top}_{= \boldsymbol{b}^\top \text{ とみれば}} \boldsymbol{\theta}^{(k)} \\
&= -\frac{1}{2}(\boldsymbol{\theta}^{(k)} - \boldsymbol{\mu}_k)^\top \Sigma_k^{-1} (\boldsymbol{\theta}^{(k)} - \boldsymbol{\mu}_k) + \text{``}\boldsymbol{\theta}^{(k)} \text{を含まない項''} \quad (6.18)
\end{aligned}
$$

となります．ここで，

$$\Sigma_k^{-1} = \sum_{t \in \mathcal{T}_k} \frac{\boldsymbol{x}_t \boldsymbol{x}_t^\top}{(\sigma^{(k)})^2} + \Sigma^{-1}, \tag{6.19}$$

$$\boldsymbol{\mu}_k = \Sigma_k \left(\sum_{t \in \mathcal{T}_k} \frac{y_t \boldsymbol{x}_t}{(\sigma^{(k)})^2} + \Sigma^{-1} \boldsymbol{\mu} \right) \tag{6.20}$$

としました．したがって，式 (6.15) に戻ると，

$$\begin{aligned} &p(\boldsymbol{\theta}^{(k)} | y_{1:T}, \boldsymbol{x}_{1:T}, \boldsymbol{z}_{1:T}, (\sigma^{(k)})^2, \boldsymbol{\mu}, \Sigma) \\ &\propto \exp\left(-\frac{1}{2} (\boldsymbol{\theta}^{(k)} - \boldsymbol{\mu}_k)^\top \Sigma_k^{-1} (\boldsymbol{\theta}^{(k)} - \boldsymbol{\mu}_k) \right) \end{aligned} \tag{6.21}$$

より，

$$p(\boldsymbol{\theta}^{(k)} | y_{1:T}, \boldsymbol{x}_{1:T}, \boldsymbol{z}_{1:T}, (\sigma^{(k)})^2, \boldsymbol{\mu}, \Sigma) = \mathcal{N}(\boldsymbol{\theta}^{(k)} | \boldsymbol{\mu}_k, \Sigma_k) \tag{6.22}$$

となります．

$(\sigma^{(k)})^2$ の条件付き分布は，式 (6.11) の結合分布から $(\sigma^{(k)})^2$ に関係のある部分だけ切り出せばよいので

$$\begin{aligned} &p((\sigma^{(k)})^2 | y_{1:T}, \boldsymbol{x}_{1:T}, \boldsymbol{z}_{1:T}, \boldsymbol{\theta}^{(k)}, n_0, \tau) \\ &\propto \left[\prod_{t \in \mathcal{T}_k} p\left(y_t \,\middle|\, \boldsymbol{x}_t, \boldsymbol{\theta}^{(k)}, (\sigma^{(k)})^2 \right) \right] p((\sigma^{(k)})^2 | n_0, \tau) \\ &= \left[\prod_{t \in \mathcal{T}_k} \mathcal{N}\left(y_t \,\middle|\, \boldsymbol{\theta}^{(k)\top} \boldsymbol{x}_t, (\sigma^{(k)})^2 \right) \right] \mathrm{IG}((\sigma^{(k)})^2 | n_0/2, \tau/2) \\ &\propto (\sigma^{(k)})^{-n_k} \exp\left(-\sum_{t \in \mathcal{T}_k} \frac{1}{2(\sigma^{(k)})^2} \|y_t - \boldsymbol{\theta}^{(k)\top} \boldsymbol{x}_t\|^2 \right) \\ &\qquad \times (\sigma^{(k)})^{-2(n_0/2+1)} \exp\left(-\frac{\tau/2}{(\sigma^{(k)})^2} \right) \\ &\propto (\sigma^{(k)})^{-2(n_k/2+n_0/2+1)} \exp\left(-\frac{1}{2(\sigma^{(k)})^2} \left(\tau + \sum_{t \in \mathcal{T}_k} \|y_t - \boldsymbol{\theta}^{(k)\top} \boldsymbol{x}_t\|^2 \right) \right) \end{aligned} \tag{6.23}$$

となるので,

$$p((\sigma^{(k)})^2|y_{1:T}, \boldsymbol{x}_{1:T}, \boldsymbol{z}_{1:T}, \boldsymbol{\theta}^{(k)}, n_0, \tau) = \text{IG}((\sigma^{(k)})^2|(n_0+n_k)/2, \tau_k/2), \tag{6.24}$$

$$\tau_k = \tau + \sum_{t \in \mathcal{T}_k} \|y_t - \boldsymbol{\theta}^{(k)\top}\boldsymbol{x}_t\|^2 \tag{6.25}$$

となります.

$\boldsymbol{\mu}$ の条件付き分布は,式 (6.11) の結合分布から $\boldsymbol{\mu}$ に関係のある部分だけ切り出せばよいので,

$$\begin{aligned}&p(\boldsymbol{\mu}|\boldsymbol{\theta}^{(1:K^+)}, \Sigma, \boldsymbol{\mu}_0, V_0) \\ &\propto \left[\prod_{k=1}^{K^+} p(\boldsymbol{\theta}^{(k)}|\boldsymbol{\mu}, \Sigma)\right] p(\boldsymbol{\mu}|\boldsymbol{\mu}_0, V_0) = \left[\prod_{k=1}^{K^+} \mathcal{N}(\boldsymbol{\theta}^{(k)}|\boldsymbol{\mu}, \Sigma)\right] \mathcal{N}(\boldsymbol{\mu}|\boldsymbol{\mu}_0, V_0) \\ &\propto \exp\left(-\frac{1}{2}\boldsymbol{\mu}^\top (K^+\Sigma^{-1} + V_0^{-1})\boldsymbol{\mu} + \left(\Sigma^{-1}\sum_{k=1}^{K^+}\boldsymbol{\theta}^{(k)} + V_0^{-1}\boldsymbol{\mu}_0\right)^\top \boldsymbol{\mu}\right)\end{aligned} \tag{6.26}$$

より,式 (6.16) を用いれば,

$$p(\boldsymbol{\mu}|\boldsymbol{\theta}^{(1:K^+)}, \Sigma, \boldsymbol{\mu}_0, V_0) = \mathcal{N}(\boldsymbol{\mu}|\boldsymbol{\mu}_+, V_+), \tag{6.27}$$

$$V_+^{-1} = K^+\Sigma^{-1} + V_0^{-1}, \tag{6.28}$$

$$\boldsymbol{\mu}_+ = V_+\left(\Sigma^{-1}\sum_{k=1}^{K^+}\boldsymbol{\theta}^{(k)} + V_0^{-1}\boldsymbol{\mu}_0\right) \tag{6.29}$$

となります.

Σ^{-1} の条件付き分布は,式 (6.11) の結合分布から Σ^{-1} に関係のある部分だけ切り出せばよいので,

6.3 ディリクレ過程に基づく無限混合線形回帰モデルのギブスサンプリング

$$
\begin{aligned}
p(\Sigma^{-1}|\boldsymbol{\theta}^{(1:K^+)}, \boldsymbol{\mu}, \nu_0, \Sigma_0) &\propto \left[\prod_{k=1}^{K^+} p(\boldsymbol{\theta}^{(k)}|\boldsymbol{\mu}, \Sigma^{-1})\right] p(\Sigma^{-1}|\nu_0, \Sigma_0) \\
&= \left[\prod_{k=1}^{K^+} \mathcal{N}(\boldsymbol{\theta}^{(k)}|\boldsymbol{\mu}, \Sigma)\right] \mathrm{W}(\Sigma^{-1}|\nu_0, \Sigma_0) \quad (6.30)
\end{aligned}
$$

となります.ここで,

> 正方行列 A とベクトル $\boldsymbol{u}$ に対して
> $$\boldsymbol{u}^\top A \boldsymbol{u} = \mathrm{Tr}(A\boldsymbol{u}\boldsymbol{u}^\top) = \mathrm{Tr}(\boldsymbol{u}\boldsymbol{u}^\top A) \quad (6.31)$$

を用いると,式 (6.30) は,

$$
\begin{aligned}
&p(\Sigma^{-1}|\boldsymbol{\theta}^{(1:K^+)}, \boldsymbol{\mu}, \nu_0, \Sigma_0) \\
&\propto |\Sigma^{-1}|^{\frac{1}{2}K^+} \exp\left(-\frac{1}{2}\mathrm{Tr}\left(\sum_{k=1}^{K^+}\Sigma^{-1}(\boldsymbol{\theta}^{(k)}-\boldsymbol{\mu})(\boldsymbol{\theta}^{(k)}-\boldsymbol{\mu})^\top\right)\right) \\
&\quad \times |\Sigma^{-1}|^{\frac{1}{2}(\nu_0-D-1)} \exp\left(-\frac{1}{2}\mathrm{Tr}(\Sigma_0^{-1}\Sigma^{-1})\right) \\
&= |\Sigma^{-1}|^{\frac{1}{2}(\nu_0+K^+-D-1)} \exp\left(-\frac{1}{2}\mathrm{Tr}\left(\Sigma^{-1}\left(\Sigma_0^{-1}+S_+\right)\right)\right) \quad (6.32)
\end{aligned}
$$

となります.ここで,

$$S_+ = \sum_{k=1}^{K^+}(\boldsymbol{\theta}^{(k)}-\boldsymbol{\mu})(\boldsymbol{\theta}^{(k)}-\boldsymbol{\mu})^\top \quad (6.33)$$

としました.したがって,

> $$p(\Sigma^{-1}|\boldsymbol{\theta}^{(1:K^+)}, \boldsymbol{\mu}, \nu_0, \Sigma_0) = \mathrm{W}(\Sigma^{-1}|\nu_+, \Sigma_+), \quad (6.34)$$
> $$\nu_+ = \nu_0 + K^+, \quad (6.35)$$
> $$\Sigma_+^{-1} = \Sigma_0^{-1} + \sum_{k=1}^{K^+}(\boldsymbol{\theta}^{(k)}-\boldsymbol{\mu})(\boldsymbol{\theta}^{(k)}-\boldsymbol{\mu})^\top \quad (6.36)$$

となります.

τ の条件付き分布は,式 (6.11) の結合分布から τ に関係のある部分だけ切り出せばよいので,

$$
\begin{aligned}
p(\tau&|(\sigma^{(1:K^+)})^2, n_0, m_0, \tau_0) \\
&\propto \left[\prod_{k=1}^{K^+} p((\sigma^{(k)})^2|n_0, \tau)\right] p(\tau|m_0, \tau_0) \\
&= \left[\prod_{k=1}^{K^+} \mathrm{IG}((\sigma^{(k)})^2|n_0/2, \tau/2)\right] \mathrm{Ga}(\tau|m_0/2, \tau_0/2) \\
&\propto \tau^{n_0 K^+/2} \exp\left(-\tau/2 \sum_{k=1}^{K^+} \frac{1}{(\sigma^{(k)})^2}\right) \times \tau^{m_0/2-1} \exp\left(-\frac{\tau_0}{2}\tau\right) \\
&= \tau^{(m_0+n_0 K^+)/2-1} \exp\left(-\frac{1}{2}\left(\tau_0 + \sum_{k=1}^{K^+} \frac{1}{(\sigma^{(k)})^2}\right)\tau\right) \quad (6.37)
\end{aligned}
$$

より,

$$
\begin{aligned}
p(\tau|(\sigma^{(1:K^+)})^2, n_0, m_0, \tau_0) &= \mathrm{Ga}(\tau|m_+/2, \tau_+/2), &(6.38)\\
m_+ &= m_0 + n_0 K^+, &(6.39)\\
\tau_+ &= \tau_0 + \sum_{k=1}^{K^+} \frac{1}{(\sigma^{(k)})^2} &(6.40)
\end{aligned}
$$

となります.

6.4 実験例

次によって生成された人工データによる実験例を紹介します.

$$y_t = \begin{cases} 1 + 0.5t + u_t, \ u_t \sim \mathcal{N}(0, 0.3) & (1 \leq t \leq 30) \\ 25 - 0.3t + u_t, \ u_t \sim \mathcal{N}(0, 0.1) & (31 \leq t \leq 60) \\ 1 + 0.1t + u_t, \ u_t \sim \mathcal{N}(0, 0.2) & (61 \leq t \leq 90) \end{cases} \quad (6.41)$$

このデータでは，前節で説明した線形回帰モデルは，$\boldsymbol{\theta}_t$ が1次元，$\boldsymbol{x}_t = t$ となります．

図 **6.2** は，人工データをプロットしたものです．図 **6.3** は，ギブスサンプリングによって推定された θ_t の事後分布（平均と標準偏差）を表します．これらの図からもわかるとおり，$t = 30$ と $t = 60$ 付近で変化が起こっているらしいことがわかります．また，図 **6.4** は，ギブスサンプリングによってサンプリングされた K^+（CRP のテーブル数）をプロットしたものです．構造変化の数を意味するテーブル数も3が最も多く，その他のクラス数の割合も分布としてみることができます．

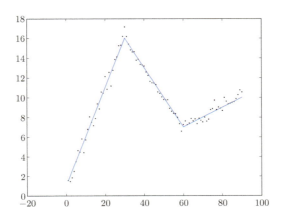

図 6.2 人口データのプロット．横軸が時間 t，縦軸が y_t の値を表す．図中の直線は生成に用いたノイズのない回帰直線を表す．

Chapter 6 構造変化推定への応用

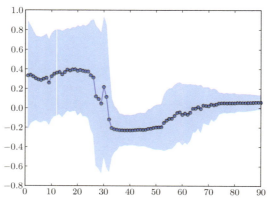

図 6.3 傾きの事後分布.

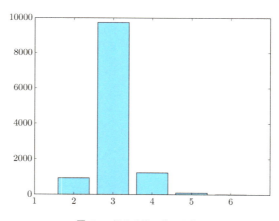

図 6.4 構造変化回数の分布.

Chapter 7

因子分析・スパースモデリングへの応用

> 本章では,因子分析・スパースモデリングにおけるノンパラメトリックベイズモデルについて説明します.ここでは,ベータ過程というノンパラメトリックベイズモデルを構成するもう一つの確率過程について説明します.

7.1 因子分析

因子分析は,「観測データは隠れた因子の合成によって構成された量である」と仮定し,個々の構成因子を解析するための技術です.

例えば,観測データ $\boldsymbol{y}_i \in \mathbb{R}^D$ $(i=1,\ldots,N)$ が,$z_{i,k} \in \{0,1\}$, $\boldsymbol{x}_k \in \mathbb{R}^D$ $(k=1,\ldots,K)$ を用いて

$$\boldsymbol{y}_i = \sum_{k=1}^{K} z_{i,k} \boldsymbol{x}_k + \boldsymbol{\epsilon}, \ \boldsymbol{\epsilon} \sim \mathcal{N}(\boldsymbol{0}, \sigma^2 \boldsymbol{I}) \ (i=1,\ldots,N) \tag{7.1}$$

と表現できると仮定します.$z_{i,k}=1$ は,観測データ i が因子 k を有していることを表し,因子 k を特徴づける情報が $\boldsymbol{x}_k$ によって表現されます.

$N \times D$ 行列 Y を i 行目の行ベクトルが $\boldsymbol{y}_i^\top$,$N \times K$ 行列 Z を i 行目の行ベクトルが $\boldsymbol{z}_i^\top \in \{0,1\}^K$,$K \times D$ 行列 X を k 行目の行ベクトルが $\boldsymbol{x}_k^\top$ とします.このとき式 (7.1) は

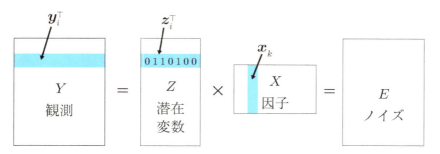

図 7.1 Z が 0 と 1 のみを成分とする因子分析の例.

$$Y = ZX + E \tag{7.2}$$

と表すことができます（E はノイズ項を要素とする行列）．これは，行列 Y を行列 Z, X に分解していることから**行列分解**と呼ばれる方法の一種になっています（図 **7.1**）．

行列分解は，分解する行列に制約を持たせることでさまざまな方法があります．例えば，特異値分解は，直交性という制約がありますが，要素として実数をとります．非負値行列分解では，行列の要素が非負値であるという制約があります．ここで説明する方法は，片方の行列 Z が 0 と 1 のみを成分とする制約です．このような制約をもった行列 Z は，特定の因子が関係している (1) のか，していない (0) のかが明確になり解釈性にすぐれたモデルになっており，0 の成分が多い場合は**疎**（**スパース**）な行列と呼ばれてます．

本章では，Z の列の次元 K に対して無限を仮定する事前分布を用いることで観測データを表現する K^+ の因子を推定することが可能な，ノンパラメトリックベイズモデル[21] について説明します．

7.2 無限次元バイナリ行列の生成モデル

因子分析において潜在因子の次元数 K をデータから推定する（データに応じて可変とする）ために，クラスタリングの場合と同様に，無限次元のバイナリ行列の生成モデルを考えます．Z の事前分布として無限次元のものを考え，データをもとに事後分布を求めることで次元数を推定することができ

7.2 無限次元バイナリ行列の生成モデル

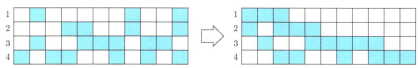

図 7.2 バイナリ行列における並び替え．

ます．

無限次元のバイナリ行列（K を固定しないバイナリ行列）の生成過程の基本的なアイデアは，バイナリ行列における交換可能性にあります．例えば，図 **7.2** 左のバイナリ行列は，列を並び替えてもよいならば，右のバイナリ行列に変更することができます．したがって，このような階段上のバイナリ行列を生成するモデルを考えることで，行が増えるにしたがって，列も増加するバイナリ行列の生成過程を考えることができます．

まずは，クラスタリングの場合と同様に有限なモデルについて考え，$K \to \infty$ とすることで導出してみましょう．その後に，導出されたアルゴリズムについて分析していきます．

$z_{i,k}$ の生成過程として，

$$\pi_k \sim \text{Beta}\left(\frac{\alpha}{K}, 1\right) \quad (k=1,\ldots,K), \tag{7.3}$$

$$z_{i,k} \sim \text{Bernoulli}(\pi_k) \quad (i=1,\ldots,N,\ k=1,\ldots,K) \tag{7.4}$$

と仮定します．このような生成過程を，**ベータ–ベルヌーイ分布モデル**と呼びます．
$\boldsymbol{z} = \left\{\{z_{i,k}\}_{k=1}^K\right\}_{i=1}^N$, $\boldsymbol{z}^{\backslash i,k} = \boldsymbol{z}\backslash z_{i,k}$ とします．ベータ–ベルヌーイ分布モデルにおいて，$\boldsymbol{z}^{\backslash i,k}$ が与えられたもとでの，$z_{i,k}$ の条件付き分布を $\boldsymbol{\pi}_{1:K}$ を周辺化して求めてみます．まず，事後分布 $p(\boldsymbol{\pi}_{1:K}|\boldsymbol{z}, \alpha)$ は，

$$p(\boldsymbol{\pi}_{1:K}|\boldsymbol{z}, \alpha) \propto p(\boldsymbol{z}|\boldsymbol{\pi}_{1:K}) p(\boldsymbol{\pi}_{1:K}|\alpha)$$
$$= \left[\prod_{i=1}^N \prod_{k=1}^K p(z_{i,k}|\pi_k)\right] \prod_{k=1}^K p(\pi_k|\alpha)$$

$$= \left[\prod_{i=1}^{N}\prod_{k=1}^{K} \mathrm{Bernoulli}(z_{i,k}|\pi_k)\right] \prod_{k=1}^{K} \mathrm{Beta}\left(\pi_k \Big| \frac{\alpha}{K}, 1\right)$$

$$\propto \prod_{k=1}^{K} \pi_k^{m_k + \frac{\alpha}{K} - 1}(1 - \pi_k)^{N - m_k} \tag{7.5}$$

となります.ここで,

$$m_k = \sum_{i=1}^{N} \delta(z_{i,k} = 1) \tag{7.6}$$

としました.したがって式 (7.5) より,

$$p(\boldsymbol{\pi}_{1:K}|\boldsymbol{z}, \alpha) = \prod_{k=1}^{K} \mathrm{Beta}\left(\pi_k | m_k + \frac{\alpha}{K}, N - m_k + 1\right) \tag{7.7}$$

となります.

したがって,

$$\begin{aligned}
p(z_{i,k} = 1|\boldsymbol{z}^{\setminus i,k}, \alpha) &= \int p(z_{i,k} = 1|\pi_k) p(\pi_k|\boldsymbol{z}^{\setminus i,k}, \alpha) d\pi_k \\
&= \int \pi_k \mathrm{Beta}\left(\pi_k | m_k^{\setminus i,k} + \frac{\alpha}{K}, N - m_k^{\setminus i,k} + 1\right) d\pi_k \\
&= \frac{m_k^{\setminus i,k} + \frac{\alpha}{K}}{N + \frac{\alpha}{K}}
\end{aligned} \tag{7.8}$$

となります.

$\boldsymbol{z}_i$ の中での 1 の個数を $n_{i,1} = |\{k \in \{1, \ldots, K\}|z_{i,k} = 1\}|$ とします.また,0 の個数を $n_{i,0} = K - n_{i,1}$ とします.式 (7.8) において $m_k^{\setminus i,k} = 0$ であるような k においては,一律に $p(z_{i,k} = 1|\boldsymbol{z}^{\setminus i,k}, \alpha) = \frac{\frac{\alpha}{K}}{N + \frac{\alpha}{K}}$ となります.この $n_{i,0}$ 個の中で $z_{i,k} = 1$ となる k が $m_{i,1}$ 個である確率は $\frac{\frac{\alpha}{K}}{N + \frac{\alpha}{K}}$ をパラメータとする二項分布に従います.したがって,

$$p(m_{i,1}|\boldsymbol{z}^{\setminus i,k}, \alpha) = \mathrm{Bi}\left(m_{i,1} \Big| \frac{\frac{\alpha}{K}}{N + \frac{\alpha}{K}}, n_{i,0}\right) \tag{7.9}$$

となります.

ここで混合モデルの場合と同様に $K \to \infty$ としてみます.式 (1.9) (p.5 参

7.2 無限次元バイナリ行列の生成モデル

照）を用いるために

$$\lambda = n_{i,0}\frac{\frac{\alpha}{K}}{N+\frac{\alpha}{K}} = (K-n_{i,1})\frac{\frac{\alpha}{K}}{N+\frac{\alpha}{K}} = \frac{\alpha - \frac{\alpha n_{i,1}}{K}}{N+\frac{\alpha}{K}} \qquad (7.10)$$

とおくと，$K \to \infty$ のとき，$\boldsymbol{z}^{\backslash i,k}$ が与えられたもとでは，$n_{i,1}$ は有限確定値であるので $\frac{\alpha n_{i,1}}{K} \to 0$ より

$$\lambda \to \frac{\alpha}{N}, \qquad (7.11)$$

$$\lim_{K\to\infty} \mathrm{Bi}\left(m_{i,1}\,\Big|\, \frac{\frac{\alpha}{K}}{N+\frac{\alpha}{K}}, n_{i,0}\right) = \mathrm{Po}\left(m_{i,1}\,\Big|\,\frac{\alpha}{N}\right) \qquad (7.12)$$

となります．また，$m_k^{\backslash i,k} > 0$ のとき，$K \to \infty$ の極限は

$$p(z_{i,k}=1|\boldsymbol{z}^{\backslash i,k},\alpha) = \frac{m_k^{\backslash i,k}}{N} \qquad (7.13)$$

となります．

ここまでをまとめると

> $m_k^{\backslash i,k} > 0$，すなわち，$\boldsymbol{z}^{\backslash i,k}$ に存在する潜在特徴 k に関しては，
>
> $$z_{i,k} \sim \mathrm{Bernoulli}\left(\frac{m_k^{\backslash i,k}}{N}\right) \qquad (7.14)$$
>
> でサンプリングします．したがって，$\boldsymbol{z}^{\backslash i,k}$ の中で 1 の数 $m_k^{\backslash i,k}$ が多いほど 1 がサンプリングされやすくなります．
>
> また，$m_k^{\backslash i,k} = 0$，すなわち，$\boldsymbol{z}^{\backslash i,k}$ には存在しない潜在特徴については，
>
> $$m_{i,1} \sim \mathrm{Po}\left(\frac{\alpha}{N}\right) \qquad (7.15)$$
>
> によって，新たに生成される潜在特徴の数がサンプリングされます．

さて，これは，ベータ–ベルヌーイ分布モデルによるバイナリ行列の生成モデルに対してギブスサンプリングを導出したものです．CRP の場合と同様に，このモデルは交換可能性があるため，$\boldsymbol{z}^{\backslash i,k}$ の後で $z_{i,k}$ が生成された

とみなすこともできます．すなわち，$z_{N,k}$ の生成過程とみなすことができます．このような観点から次のような無限次元のバイナリ行列の生成過程が知られています．

> $m_{i,k}$ を行 1 から i までに列 k において 1 が生成された数とします．行 $i = 1, \ldots, N$ の順にそれぞれの列を次のように生成します．
>
> - これまで生成された列 k に対しては
>
> $$z_{i,k} \sim \text{Bernoulli}\left(\frac{m_{i-1,k}}{i}\right) \tag{7.16}$$
>
> によって，各要素を生成します．
> - 新たな列として，1 の値をとる要素を
>
> $$m_{i,1} \sim \text{Po}\left(\frac{\alpha}{i}\right) \tag{7.17}$$
>
> 個生成します．

図 **7.3** に，この生成過程の動作例を示します．このような生成過程では，N 番目のデータが生成されて初めて全体の次元がわかります．もちろん $N+1$ 番目を追加した場合には次元がさらに増える可能性は十分にあります．

このようなバイナリ行列の生成過程は，**インド料理ビュッフェ過程** (Indian buffet process, **IBP**) などと呼ばれます[21]．潜在特徴がビュッフェ形式の料理に対応し，それぞれの客 i が好きな料理を複数とっていくわけですが，他の人が多くとっている料理ほどとりやすいモデルになっています．また，α の値が大きければ新しい料理をとる確率は増え，客の数が増えるに従って新しい料理をとる確率は減っていきます．

注意する必要があるのは，この生成過程は，このままでは客の順番 $(1, 2, \ldots, N)$ に依存していることです．これに関しては，次節で詳しく説明します．

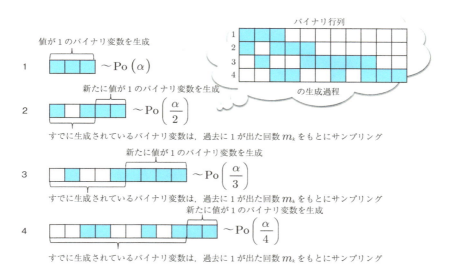

図 7.3 IBP によるバイナリ行列の生成例.

7.3 周辺尤度からみる無限次元のバイナリ行列の生成モデルと交換可能性

ディリクレ–多項分布モデルにおけるディリクレ分布の無限次元化の場合と同様に，ベータ–ベルヌーイ分布モデルにおいて $K \to \infty$ としたときの周辺尤度を分析してみましょう．

ベータ–ベルヌーイ分布モデルによる $z_{i,k}$ の生成過程を

$$\pi_k \sim \text{Beta}\left(\frac{\alpha}{K}, 1\right) \quad (k = 1, \ldots, K), \tag{7.18}$$

$$z_{i,k} \sim \text{Bernoulli}(\pi_k) \quad (i = 1, \ldots, N, \ k = 1, \ldots, K) \tag{7.19}$$

と再掲しておきます．ベータ–ベルヌーイ分布モデルでは，$z_{i,k}$ はそれぞれ独立に生成されていることに注意してください．したがって，列を入れ替えて

一致する行列はすべて同じ確率となります.
まず,有限の場合の周辺尤度は

$$
\begin{aligned}
p(\bm{z}|\bm{\alpha}) &= \int p(\bm{z}|\bm{\pi}_{1:K},\alpha)p(\bm{\pi}_{1:K},\alpha)d\bm{\pi}_{1:K} \\
&= \int \left[\prod_{i=1}^{N}\prod_{k=1}^{K} p(z_{i,k}|\pi_k)\right] \prod_{k=1}^{K} p(\pi_k|\alpha)d\bm{\pi}_{1:K} \\
&= \int \left[\prod_{i=1}^{N}\prod_{k=1}^{K} \mathrm{Bernoulli}(z_{i,k}|\pi_k)\right] \prod_{k=1}^{K} \mathrm{Beta}\left(\pi_k\left|\frac{\alpha}{K},1\right.\right) d\bm{\pi}_{1:K} \\
&= \prod_{k=1}^{K} \int \frac{\Gamma\left(\frac{\alpha}{K}+1\right)}{\Gamma\left(\frac{\alpha}{K}\right)} \pi_k^{m_k+\frac{\alpha}{K}-1}(1-\pi_k)^{N-m_k} d\pi_k \\
&= \prod_{k=1}^{K} \left[\frac{\Gamma\left(\frac{\alpha}{K}+1\right)}{\Gamma\left(\frac{\alpha}{K}\right)} \frac{\Gamma\left(m_k+\frac{\alpha}{K}\right)\Gamma\left(N-m_k+1\right)}{\Gamma\left(N+\frac{\alpha}{K}+1\right)}\right] \quad (7.20)
\end{aligned}
$$

となります.ここで,$\frac{\Gamma\left(\frac{\alpha}{K}+1\right)}{\Gamma\left(\frac{\alpha}{K}\right)} = \frac{\alpha}{K}$ より,このまま $K \to \infty$ とすると,どのような $\bm{z}$ に対しても $p(\bm{z}|\alpha) = 0$ となってしまいます.したがって,クラスタリングの場合と同様に複数の $\bm{z}$ を $[\bm{z}]$ として同一視できる仕組みが必要です.このために,履歴 h とその出現回数 K_h を導入します.

バイナリ行列を,列である各潜在特徴 k ごとにみれば N 次元のバイナリベクトルとみることができます.N 次元バイナリベクトルは 2^N 種類のバイナリベクトルをとることができます.これらを $h = 0, 1, 2, \ldots, 2^N - 1$ と対応付けて履歴バイナリベクトルと呼ぶことにします.図 **7.4** (a) に $N = 4$ の場合の例を載せます.図 7.4 (b) のバイナリ行列は,(a) の履歴バイナリベクトルを用いて構成することができ,K_h がそれぞれの履歴 h の出現回数になっています.

クラスタリングの場合と同様に,列を交換して一致する行列を同一視すべきなので,その表現を $[\bm{z}]$ とし,$p([\bm{z}]|\alpha) = p(\bm{z}|\alpha) \times$(同一視される行列の数) を考えます.列の交換によって同一視される行列の数は,単純には列の順列を考えればよさそうです.しかし,図 7.4 (b) のような行列において,同じ履歴ベクトル同士を交換しても異なる行列は生成されません.したがって,単純な列の順列では,数え上げすぎているため,それぞれ順列分 $K_h!$ だけ重

7.3 周辺尤度からみる無限次元のバイナリ行列の生成モデルと交換可能性

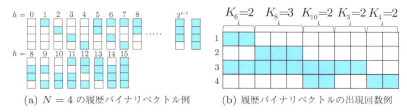

(a) $N=4$ の履歴バイナリベクトル例　(b) 履歴バイナリベクトルの出現回数例

図 7.4 履歴バイナリベクトルとその出現回数例.

複している分を減らす必要があります. すなわち,

$$p([\boldsymbol{z}]|\alpha) = p(\boldsymbol{z}|\alpha) \times \frac{K!}{\prod_{h=0}^{2^N-1} K_h!} \tag{7.21}$$

となります.

さて, 式 (7.20) の周辺尤度を $m_k > 0$ の部分と $m_k = 0$ の部分に分け, さらに $p([\boldsymbol{z}]|\alpha)$ における $K \to \infty$ としたときの挙動 (または状況) を分析していきます.

式 (7.20) を $m_k > 0$ の部分と $m_k = 0$ の部分に分けて式変形していきます. そこで簡単のため, 添字を並び替えて $k \in \{1, 2, \ldots, K^+\}$ を $m_k > 0$ とし, それ以外は $m_k = 0$ とします.

$$\prod_{k=1}^{K} \frac{\alpha}{K} \frac{\Gamma\left(m_k + \frac{\alpha}{K}\right) \Gamma(N - m_k + 1)}{\Gamma\left(N + \frac{\alpha}{K} + 1\right)}$$

$$= \left[\frac{\alpha}{K} \frac{\Gamma\left(\frac{\alpha}{K}\right) \Gamma(N+1)}{\Gamma\left(N + \frac{\alpha}{K} + 1\right)}\right]^{K - K^+} \prod_{k=1}^{K^+} \frac{\alpha}{K} \frac{\Gamma\left(m_k + \frac{\alpha}{K}\right) \Gamma(N - m_k + 1)}{\Gamma\left(N + \frac{\alpha}{K} + 1\right)}$$

$$= \left[\frac{\alpha}{K} \frac{\Gamma\left(\frac{\alpha}{K}\right) \Gamma(N+1)}{\Gamma\left(N + \frac{\alpha}{K} + 1\right)}\right]^{K} \prod_{k=1}^{K^+} \frac{\Gamma\left(m_k + \frac{\alpha}{K}\right) \Gamma(N - m_k + 1)}{\Gamma\left(\frac{\alpha}{K}\right) \Gamma(N+1)}$$

$$= \underbrace{\left[\frac{N!}{\prod_{j=1}^{N}(j + \frac{\alpha}{K})}\right]^K}_{m_k = 0 \text{ の部分}} \left(\frac{\alpha}{K}\right)^{K^+} \underbrace{\prod_{k=1}^{K^+} \frac{(N - m_k)! \prod_{j=1}^{m_k - 1}(j + \frac{\alpha}{K})}{N!}}_{m_k > 0 \text{ の部分}} \tag{7.22}$$

となるので, $K \to \infty$ のとき, 式 (7.21) から

$p([\boldsymbol{z}]|\alpha)$

$$= \frac{\alpha^{K^+}}{\prod_{h=1}^{2^N-1} K_h!} \cdot \underbrace{\frac{K!}{K_0! K^{K^+}}}_{(a)} \cdot \underbrace{\left[\frac{N!}{\prod_{j=1}^{N}(j+\frac{\alpha}{K})}\right]^K}_{(b)} \prod_{i=1}^{K^+} \frac{(N-m_k)! \prod_{j=1}^{m_k-1}(j+\frac{\alpha}{K})}{N!}$$

$$\to \frac{\alpha^{K^+}}{\prod_{h=1}^{2^N-1} K_h!} \cdot 1 \cdot \exp(-\alpha H_N) \prod_{k=1}^{K^+} \frac{(N-m_k)!(m_k-1)!}{N!} \quad (7.23)$$

となります.ここで,

$$(a): \frac{K!}{K_0! K^{K^+}} = \frac{K!}{(K-K^+)! K^{K^+}} = \frac{K-K^+ + 1}{K} \frac{K-K^+ + 2}{K} \cdots \frac{K}{K},$$
$$(7.24)$$

$$(b): \lim_{K \to \infty} \left[\frac{N!}{\prod_{j=1}^{N}(j+\frac{\alpha}{K})}\right]^K = \lim_{K \to \infty} \prod_{j=1}^{N} \left[\left(1+\frac{1}{j}\frac{\alpha}{K}\right)^{-\frac{jK}{\alpha}}\right]^{\frac{\alpha}{j}}$$
$$= \exp\left(-\alpha \sum_{j=1}^{N} \frac{1}{j}\right) = \exp(-\alpha H_N)$$
$$(7.25)$$

としました.

まとめると,

$$p([\boldsymbol{z}]|\alpha) = \frac{\alpha^{K^+}}{\prod_{h=1}^{2^N-1} K_h!} \exp(-\alpha H_N) \prod_{k=1}^{K^+} \frac{(N-m_k)!(m_k-1)!}{N!}$$
$$(7.26)$$

となります.この周辺尤度をみればわかるとおり,$\boldsymbol{z}_i$ と $\boldsymbol{z}_j$ ($j \neq i$) の順番を交換しても $\{K_h\}$ も $\{m_k\}$ も値は変わらないため周辺尤度は変わりません.したがって,$p([\boldsymbol{z}]|\alpha)$ は,$1, \ldots, N$ に対して交換可能であるといえます.

CRP とディリクレ過程の場合と同様に,IBP に関しても交換可能であることから背後に対応する確率過程があります.IBP には **ベータ過程** (beta process) という確率過程が対応しています．ディリクレ過程やベータ過程の関係については，9 章で詳しく説明します．

7.4 無限潜在特徴モデル

無限潜在特徴モデル (infinite latent feature model) について説明します．潜在特徴モデルでは，X を**潜在特徴** (latent feature) と呼びます．ここでは，$N \times D$ 行列 Y の各行ベクトル $\boldsymbol{y}_i^\top$ ($i = 1, \ldots, N$) に実数ベクトルとし，生成過程にガウス分布を仮定します．また，$\boldsymbol{x}_k$ は D 次元実数ベクトルとし，生成過程にガウス分布を仮定します．

すなわち，

$$\boldsymbol{x}_k \sim \mathcal{N}(0, \sigma_X^2 \boldsymbol{I}) \quad (k = 1, 2, \ldots), \tag{7.27}$$

$$\boldsymbol{y}_i \sim \mathcal{N}\left(\sum_{k=1}^{\infty} z_{i,k} \boldsymbol{x}_k, \sigma_Y^2 \boldsymbol{I}\right) \quad (i = 1, \ldots, N) \tag{7.28}$$

とします．

それではギブスサンプリングの式を導出します．まずは，$z_{i,k}$ の条件付き分布を導出します．$m_k^{i,k} > 0$ のとき

$$p(z_{i,k} = 1 | \boldsymbol{z}^{\setminus i,k}, Y, X, \sigma_Y^2, \alpha) \propto p(\boldsymbol{y}_i | \boldsymbol{z}_i, X, \sigma_Y^2) p(z_{i,k} = 1 | \boldsymbol{z}^{\setminus i,k}, \alpha)$$

$$= \mathcal{N}\left(\boldsymbol{y}_i \left| \sum_{k=1}^{K^+} z_{i,k} \boldsymbol{x}_k, \sigma_Y^2 \boldsymbol{I} \right.\right) \times \frac{m_k^{i,k}}{N} \tag{7.29}$$

となります．また，$m_k^{i,k} = 0$ のとき，すなわち，まだ生成されていない潜在特徴 k に関しては，値として 1 をとる個数 $m_{i,1}$ の条件付き分布が

$$p(m_{i,1} | Y, X, Z, \sigma_Y^2, \alpha)$$
$$\propto p(\boldsymbol{y}_i | \boldsymbol{z}_i, X, \sigma_Y^2) p(m_{i,1} | \boldsymbol{z}, \alpha)$$
$$= \mathcal{N}\left(\boldsymbol{y}_i \left| \sum_{k=1}^{K^+} z_{i,k} \boldsymbol{x}_k + \sum_{k=K^++1}^{K^+ + m_{i,1}} \boldsymbol{x}_k, \sigma_Y^2 \boldsymbol{I} \right.\right) \times \mathrm{Po}\left(m_{i,1} \left| \frac{\alpha}{N}\right.\right), \tag{7.30}$$

$$(\boldsymbol{x}_k \sim \mathcal{N}(0, \sigma_X^2 \boldsymbol{I}),\ k = K^+ + 1, \ldots, K^+ + m_{i,1}) \tag{7.31}$$

と計算されます．しかし，この分布は，ガウス分布やポアソン分布のように単体の確率分布ではないため簡単にサンプリングすることができません．このような場合，いくつかの方法が考えられますが，簡単な方法は，離散分布からのサンプリングに帰着させることです．$m_{i,1}$ がとれる上限（新しい潜在特徴を生成できる数）をあらかじめ固定してしまえば，離散分布としてサンプリングすることが可能になります．すなわち，式 (7.30) に対して $m_{i,1}$ がとる値をあらかじめ決めてしまえば，離散分布によってサンプリングすることができます．

次に X に関するギブスサンプリングを考えます．このギブスサンプリングは，多少工夫する必要があります．条件付き分布を計算すると，

$$\begin{aligned}
p(X|Y, &Z, \sigma_Y^2, \sigma_X^2) \\
&\propto p(Y|Z, X, \sigma_Y^2) p(X|\sigma_X^2) \\
&= \frac{1}{(2\pi\sigma_Y^2)^{\frac{ND}{2}}} \exp\left(-\frac{1}{2\sigma_Y^2} \operatorname{Tr}((Y - ZX)^\top (Y - ZX))\right) \\
&\qquad \times \frac{1}{(2\pi\sigma_X^2)^{\frac{K+D}{2}}} \exp\left(-\frac{1}{2\sigma_X^2} \operatorname{Tr}(X^\top X)\right) \\
&\propto \exp\left(-\frac{1}{2\sigma_Y^2}\left(\operatorname{Tr}((Y-ZX)^\top(Y-ZX)) + \frac{\sigma_Y^2}{\sigma_X^2}\operatorname{Tr}(X^\top X)\right)\right) \\
&\propto \exp\left(-\frac{1}{2\sigma_Y^2} \operatorname{Tr}\left(-X^\top Z^\top Y - Y^\top Z X + X^\top Z^\top Z X + \frac{\sigma_Y^2}{\sigma_X^2} X^\top X\right)\right) \\
&= \exp\left(-\frac{1}{2\sigma_Y^2} \operatorname{Tr}\left(-X^\top Z^\top Y - Y^\top Z X + X^\top \underbrace{\left(Z^\top Z + \frac{\sigma_Y^2}{\sigma_X^2}\boldsymbol{I}\right)}_{= V_X^{-1}\ \text{とおく}} X\right)\right) \\
&\propto \exp\left(-\frac{1}{2\sigma_Y^2} \operatorname{Tr}\left((X - V_X Z^\top Y)^\top V_X^{-1} (X - V_X Z^\top Y)\right)\right) \quad (7.32)
\end{aligned}$$

となります．

ここで，一般に，行列 $U = [\boldsymbol{u}_1, \ldots, \boldsymbol{u}_D]$ と V に対して

7.4 無限潜在特徴モデル

$$U^\top V^{-1} U = [\boldsymbol{u}_1, \ldots, \boldsymbol{u}_D]^\top V^{-1}[\boldsymbol{u}_1, \ldots, \boldsymbol{u}_D]$$
$$= [\boldsymbol{u}_1, \ldots, \boldsymbol{u}_D]^\top [V^{-1}\boldsymbol{u}_1, \ldots, V^{-1}\boldsymbol{u}_D]$$
$$= \begin{bmatrix} \boldsymbol{u}_1^\top V^{-1}\boldsymbol{u}_1 & \boldsymbol{u}_1^\top V^{-1}\boldsymbol{u}_2 & \ldots & \boldsymbol{u}_1^\top V^{-1}\boldsymbol{u}_D \\ \boldsymbol{u}_2^\top V^{-1}\boldsymbol{u}_1 & \boldsymbol{u}_2^\top V^{-1}\boldsymbol{u}_2 & \ldots & \boldsymbol{u}_2^\top V^{-1}\boldsymbol{u}_D \\ \ldots & \ldots & \ldots & \ldots \\ \boldsymbol{u}_D^\top V^{-1}\boldsymbol{u}_1 & \boldsymbol{u}_D^\top V^{-1}\boldsymbol{u}_2 & \ldots & \boldsymbol{u}_D^\top V^{-1}\boldsymbol{u}_D \end{bmatrix} \quad (7.33)$$

より,

$$\mathrm{Tr}(U^\top V^{-1} U) = \sum_{d=1}^{D} \boldsymbol{u}_d^\top V^{-1} \boldsymbol{u}_d \quad (7.34)$$

となります.

したがって, $X = [\tilde{\boldsymbol{x}}_1, \tilde{\boldsymbol{x}}_2, \ldots, \tilde{\boldsymbol{x}}_D]$, $Y = [\tilde{\boldsymbol{y}}_1, \tilde{\boldsymbol{y}}_2, \ldots, \tilde{\boldsymbol{y}}_D]$ とおくと,

$$X - V_X Z^\top Y = [\tilde{\boldsymbol{x}}_1 - V_X Z^\top \tilde{\boldsymbol{y}}_1, \tilde{\boldsymbol{x}}_2 - V_X Z^\top \tilde{\boldsymbol{y}}_2, \ldots, \tilde{\boldsymbol{x}}_D - V_X Z^\top \tilde{\boldsymbol{y}}_D] \quad (7.35)$$

より, 式 (7.32) は, $V_{XY} = \sigma_Y^2 V_X$ とおくと,

$$p(X|Y, Z, \sigma_Y^2, \sigma_X^2) \propto \exp\left(-\frac{1}{2}\sum_{d=1}^{D}(\tilde{\boldsymbol{x}}_d - V_X Z^\top \tilde{\boldsymbol{y}}_d)^\top V_{XY}^{-1}(\tilde{\boldsymbol{x}}_d - V_X Z^\top \tilde{\boldsymbol{y}}_d)\right)$$
$$= \prod_{d=1}^{D} \exp\left(-\frac{1}{2}(\tilde{\boldsymbol{x}}_d - V_X Z^\top \tilde{\boldsymbol{y}}_d)^\top V_{XY}^{-1}(\tilde{\boldsymbol{x}}_d - V_X Z^\top \tilde{\boldsymbol{y}}_d)\right)$$
$$\propto \prod_{d=1}^{D} \mathcal{N}(\tilde{\boldsymbol{x}}_d | V_X Z^\top \tilde{\boldsymbol{y}}_d, V_{XY}) \quad (7.36)$$

となります. さて, これは, $\tilde{\boldsymbol{x}}_d$ に関するガウス分布の独立な式になっていることがわかります. したがって, 通常のように X の行ベクトル $\boldsymbol{x}_k^\top$ を順にサンプリングするのではなく, X を列ベクトルに切り直した $\tilde{\boldsymbol{x}}_d$ をサンプリングすることで, X をサンプリングすることができます.

Chapter 8

測度論の基礎

本章では，次章のノンパラメトリックベイズモデルの基礎理論の説明で必要となる測度論に関する知識を整理します．本来，付録としてもよい章ですが，測度論の知識が欠けていると次章は読むことが困難な項目が多数存在します．そのため次章の前に本章を設けることにしました．

本章では，具体的なイメージと用語を結びつけることを優先し，用語を後でもう一度定義することにします．したがって，定義が二度出てくる場合もありますが，二度目のほうがより厳密になっています．定理の証明は，ページの都合上簡単に示せるもののみ載せますが，本章で出てくる定理は測度論や確率論の標準教科書[22,23,24]ならば載っているので，詳細はそれらに譲ります．

8.1 可測空間，測度空間，確率空間

測度論は抽象的な説明が多くなるので，具体的な話から始めましょう．

サイコロを 1 回振る試行を考えましょう．出る目の集合を $\Omega = \{1, 2, \ldots, 6\}$ とします．出る目 $\omega \in \Omega$ は標本，集合 Ω は標本空間と呼ばれています．Ω の部分集合 A は事象と呼ばれています．例えば，$A = \{2, 4, 6\}$ は出た目が偶数である事象を表しています．部分集合の集合 $\mathcal{F}$ を事象の族と呼びます．$\Omega = \{1, 2, \ldots, 6\}$ の場合，例えば，$\{1\} \in \mathcal{F}$, $\{2\} \in \mathcal{F}$, $\ldots$, $\{6\} \in \mathcal{F}$ のように標本 1 つだけの集合は $\mathcal{F}$ に属します．また，奇数を表す

$\{1,3,5\} \in \mathcal{F}$, 偶数を表す $\{2,4,6\} \in \mathcal{F}$, もちろん標本空間 Ω も $\mathcal{F}$ の要素に入ります.

我々に馴染みのある確率 P の計算は, 部分集合の要素数を数えることにより $P(A) = \frac{|A|}{|\Omega|}$ ($|A|$ は集合 A の要素数) などとします. サイコロを 1 回振る試行において出た目が偶数である事象 $A = \{2,4,6\}$ の確率は, この定義を用いると $P(A) = \frac{|\{2,3,6\}|}{|\{1,2,3,4,5,6\}|} = \frac{3}{6} = \frac{1}{2}$ と計算できます. しかし, 区間 $(0,1)$ からランダムに実数 1 点をとる試行を考えたとき, $(0,0.5)$ の区間に値が入る確率を計算する場合, 先ほどの定義を用いると $(0,1)$ に存在する実数の数と $(0,0.5)$ に存在する実数の数を計算する必要があります. このように実数の数を数えるというのは, $(0,1)$ でも $(0,0.5)$ でも無限大になるなど数学的に繊細な問題を含んでいます. そこで, 区間の場合の数ではなく, 区間の"長さ"に着目して計算することにすれば $0.5/1 = 0.5$ と計算できます. では, 2 次元空間や 3 次元空間ではどのように確率を計算するのがよいのでしょうか? 面積や体積を用いればよいのでしょうか? これから導入する"測度"は, このような点の数, 長さ, 面積, 体積などが持つ性質からこれらを一般化することで, ある空間に関する量を測るために導入されました. ここでは, 測度に基づく確率について簡単に説明します.

測度論は,「測る」ことを数学的に考える分野なので,

- 測ることのできるもの（集合）とは何か
- 測った結果, その値（測度）はどのような性質を持つべきか

といったことを考えることから議論を始めていきます. つまり, まず, 測度が定義可能な部分集合を決め, 次に測度が持つべき性質として加法性などを定義することから始まります.

定義 8.1 (σ-加法族,可測集合,可測空間)

集合 Ω の部分集合の族 $\mathcal{F}$ が次の条件を満たすとき,Ω 上の σ-加法族 (σ-algebra) であるという.

(1) $\emptyset \in \mathcal{F}$
(2) $A \in \mathcal{F} \Rightarrow A^c \in \mathcal{F}$ (A^c は Ω における A の補集合)
(3) $A_n \in \mathcal{F} \ \forall n \in \mathbb{N} \Rightarrow \cup_{n=1}^{\infty} A_n \in \mathcal{F}$

$\sigma-$ 加法族の元を**可測集合** (measurable set) と呼ぶ.また,$(\Omega, \mathcal{F})$ の組を**可測空間** (measurable space) と呼ぶ.

前述した測りたい集合 Ω の中で測度が定義可能な部分集合 $A \in \Omega$ が,上記の性質を持つ可測集合ということになります.次に,このような可測集合に対して測度が持つべき性質を定義します.

定義 8.2 (測度,測度空間,有限測度,σ-有限測度)

関数 $\mu : \mathcal{F} \mapsto \bar{\mathbb{R}}$ が次の条件を満たすとき,**測度** (measure) であるという.

(1) $\mu(A) \geq 0 \ \forall A \in \mathcal{F}$
(2) $\mu(\emptyset) = 0$
(3) $A_n \in \mathcal{F} \ \forall n \in \mathbb{N}, \ A_n \cap A_m = \emptyset (n \neq m)$
$\Rightarrow \mu(\cup_{n=1}^{\infty} A_n) = \sum_{n=1}^{\infty} \mu(A_n)$

$(\Omega, \mathcal{F}, \mu)$ の 3 つ組を**測度空間** (measure space) と呼ぶ.$\mu(\Omega) < +\infty$ のとき,μ を**有限測度** (finite measure) と呼ぶ.また,$A_n \in \mathcal{F} \ \forall n \in \mathbb{N}$ で,$\Omega = \cup_{n=1}^{\infty} A_n$, $\mu(A_n) < +\infty \ \forall n \in \mathbb{N}$ となるものが存在するとき,μ を $\sigma-$**有限測度** (σ-finite measure) と呼ぶ.

例えば,可測空間 $([0, +\infty], \mathcal{F})$ で,区間に対して長さを対応させる測度 $\mu([a, b]) = b - a$ は,$A_n = [n, n+1]$ と対応させれば,$\mu([0, +\infty]) = \infty$ な

ので有限測度ではありませんが，$\mu(A_n) = 1 < \infty$ なので σ-有限測度です．

これで，集合の場合の数，区間の長さ，面積などを一般化して測度が定義できました．次に，この測度を用いて確率を定義します．

定義 8.3（確率測度，確率空間，標本空間，事象，事象の族）

可測空間 $(\Omega, \mathcal{F})$ に対して，$\mathcal{F}$ 上の測度 P が $P(\Omega) = 1$ を満たすとき，P を**確率測度** (probability measure) または単に**確率** (probability) と呼ぶ．このとき，測度空間 $(\Omega, \mathcal{F}, P)$ を**確率空間** (probability space) と呼ぶ．Ω は**標本空間** (sample space)，$A \in \mathcal{F}$ は**事象** (event)，$\mathcal{F}$ は**事象の族** (family of events) と呼ばれる．

ちなみに，有限測度 μ を用いて，$P(A) = \mu(A)/\mu(\Omega)$ とすることで確率測度を作ることができます．冒頭の例で，区間の長さを用いて確率を計算した $0.5/1 = 0.5$ というのは，まさに長さという有限測度 μ を用いて $\mu((0, 0.5))/\mu((0, 1))$ を確率測度として計算していたことになります．

8.2 可測関数と確率変数

我々が普段から慣れ親しんでいる実数上の関数 $f(x)$ は，区間 $[a, b]$ において連続であるならば，リーマン積分の意味で $\int_a^b f(x)dx$ が定義可能な関数です．このような関数を**可積分関数**といいます．

可積分実関数は，「実数という空間上で，区間 $[a, b] \subset \mathbb{R}$ を与えると，実数値

$$\int_a^b f(x)dx \tag{8.1}$$

を返す（積分が定義できる）関数」のクラスであると考えることができます．この積分を定義できる関数のクラスを，測度空間で考えた場合に登場するのが可測関数です．

可測関数は，「測度空間 $(\Omega, \mathcal{F}, \mu)$ 上で，可測集合 $A \in \mathcal{F} (A \subset \Omega)$ を与えると，実数値

$$\int_A f(\omega)\mu(d\omega) \qquad (8.2)$$

を返す関数」です．$\mu(\omega)d\omega$ ではなく $\mu(d\omega)$ と記しているのは，測度はある区間に関する測定値なので微小区間 $d\omega \subset \Omega$ の測定値を表すためです．例えば，Ω を時間軸と考えると，$\mu(d\omega)$ は時間軸上での微小区間 $d\omega\,(=[\omega,\omega+d\omega])$ における測度を表します．具体的な測度として，ルベーグ測度を用いて積分を定義した場合，ルベーグ積分と呼ばれていますが，本書の範囲を超えるのでここでは説明しません．

可測関数の具体的な定義は，以下になります．

定義 8.4（可測関数（半開区間を用いた場合））

可測空間 $(\Omega, \mathcal{F})$ について，実数値関数 $f: \Omega \mapsto \bar{\mathbb{R}}$ が，任意の実数 α, β $(\alpha < \beta)$ に対して

$$\{\omega \in \Omega | f(\omega) \in [\alpha, \beta)\} \in \mathcal{F} \qquad (8.3)$$

を満たすとき，f を $\mathcal{F}$–**可測関数**（$\mathcal{F}$-measurable function），あるいは単に**可測関数**（measurable function）という．または，f は $\mathcal{F}$–**可測**（$\mathcal{F}$-measurable），あるいは単に可測であるという．

ここでは次に出てくる確率変数の説明をわかりやすくするために半開区間で定義しましたが，実は半開区間に限る必要はありません．より一般的な定義は後に出てきます．

式 (8.2) は，単に測度空間上の可測関数の積分を定義しているだけではなく，確率論では特に重要です．測度として確率測度を用いれば，式 (8.2) は期待値を計算していることになるからです．すなわち，**可測関数は期待値を計算することができる関数のクラス**だと考えることができます．このような可測関数は，確率論では別の呼び方があります．

定義 8.5 （(実数値) 確率変数）

確率空間 $(\Omega, \mathcal{F}, P)$ において，実数値関数 $X : \Omega \mapsto \bar{\mathbb{R}}$ が $\mathcal{F}$-可測関数であるとき，X を**確率変数** (random variable) という．

（半開区間を用いた）可測関数の定義より，任意の実数 $\alpha < \beta$ に対して確率変数 X は

$$\{\omega \in \Omega | \alpha \leq X(\omega) < \beta\} \in \mathcal{F} \tag{8.4}$$

を満たすことがわかります．

確率変数を理解するために，この式 (8.4) の意味を考えてみましょう．

$$X^{-1}([\alpha, \beta)) = \{\omega \in \Omega | \alpha \leq X(\omega) < \beta\} \tag{8.5}$$

と表記することにします．確率変数の定義から $X^{-1}([\alpha, \beta)) \in \mathcal{F}$ なので $P(X^{-1}([\alpha, \beta)))$ が計算できるということです．これを言葉で説明すると「**確率変数 X は，任意の範囲 $[\alpha, \beta)$ に対してその範囲に値を持つ確率を計算できる関数のこと**」ということです．このように半開区間を用いて確率変数や可測関数の定義を考えることで多少はその定義がわかりやすくなると思います．

先ほど述べたとおり，可測関数は半開区間を含むより広い（より抽象的な）集合で定義することができます．一般的に，位相空間 S に対して，半開区間や閉区間などのあらゆる区間と，それらから合併，共通部分，補集合をとる操作を有限または加算無限回施して得られるものからなる集合族において定義可能です．このような集合族を**ボレル集合族** (Borel family)，ボレル集合族の要素を**ボレル集合** (Borel set) と呼びます．ボレル集合族のより正確な定義は確率論の教科書に譲りますが，例えば，S として $\mathbb{R}$ や $\mathbb{R}^D$ が挙げられます．

位相空間 S に対するボレル集合族を $\mathcal{B}(S)$ と書くことにします．ボレル集合族を用いて可測関数の定義は以下のように言い換えることができます．

> **定義 8.6（可測関数（ボレル集合を用いた場合））**
>
> 位相空間 S，可測空間 $(\Omega, \mathcal{F})$ において，関数 $f: \Omega \mapsto S$ が，任意のボレル集合 $B \in \mathcal{B}(S)$ に対して
>
> $$\{\omega \in \Omega | f(\omega) \in B\} \in \mathcal{F} \tag{8.6}$$
>
> を満たすとき，f を $\mathcal{F}$–**可測関数**（$\mathcal{F}$-measurable function）という．または，f は $\mathcal{F}$–**可測**（$\mathcal{F}$-measurable）であるという．

この定義から，確率変数は任意のボレル集合 $B \in \mathcal{B}(S)$ に対して $X(\omega) \in B$ に値を持つ確率 $P(\{\omega \in \Omega | X(\omega) \in B\})$ を計算できる関数といえそうです．すなわち，以下のように一般的に定義できます．

> **定義 8.7（確率変数）**
>
> 位相空間 $\mathcal{X}$，確率空間 $(\Omega, \mathcal{F}, P)$ において，関数 $X : \Omega \mapsto \mathcal{X}$ が $\mathcal{F}$–可測関数であるとき，X を**確率変数**（random variable）という．

位相空間 S やボレル集合 $B \in \mathcal{B}(\mathcal{X})$ などの用語で定義がわからなくなったら，前半の説明のように，$S = \mathbb{R}$，半開区間 $B = [\alpha, \beta]$ と置き換えて考えると理解の助けになると思います．

8.3 単関数，非負値可測関数，単調収束定理

まず，集合 A の定義 (指示) 関数を

$$1_A(x) = \begin{cases} 1 & x \in A \\ 0 & x \notin A \end{cases} \tag{8.7}$$

とします．

> **定義 8.8（単関数）**
>
> $\Omega = \cup_{i=1}^{k} A_k$ として，$A_1, A_2, \ldots, A_k$ を互いに共通部分をもたない可測集合列，A_i に対応した $a_k \geq 0$ を導入する．このとき
> $$\varphi(\omega) = \sum_{i=1}^{k} a_i 1_{A_i}(\omega) \tag{8.8}$$
> の形をしたものを**単関数** (simple function) という．単関数は，非負値可測関数である．

単関数は図 **8.1** のような階段状の関数です．

A_i の測度を $\mu(A_i)$ とすると，可測関数による積分は
$$\int_\Omega \varphi(\omega)\mu(d\omega) = \sum_{i=1}^{k} a_i \mu(A_i) \tag{8.9}$$
と計算できます．

単関数は，その解析のしやすさから，可測関数の性質を調べる際に，まずは単関数で解析し，その後，一般の可測関数へと拡張していく場合に役に立ちます．その際に以下の二つの定理が重要です．

> **定理 8.9（単関数による近似定理）**
>
> 非負値可測関数 $f: \Omega \mapsto [0, +\infty]$ に対して，各 $\omega \in \Omega$ において，
> $$\lim_{n \to \infty} \varphi_n(\omega) = f(\omega) \tag{8.10}$$
> となる単関数の増加列
> $$0 \leq \varphi_1(\omega) \leq \varphi_2(\omega) \leq \ldots \tag{8.11}$$
> が存在する．

直感的には，図 8.1 のように単関数の列 $\{\varphi_1(\omega), \varphi_2(\omega), \ldots\}$ によって関数 $f(\omega)$ を次々に近似できそうだとわかります．この定理は，次の**単調収束定**

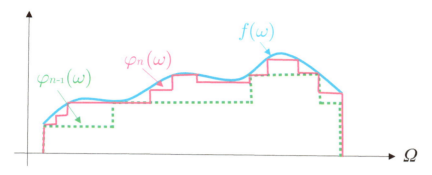

図 8.1 単関数の増加列による関数の収束例.

理 (monotone convergence theorem) と合わせて考えると，可測関数の積分と極限の交換について便利な判定条件を与えることができます．

> **定理 8.10（単調収束定理）**
>
> $f_n : \Omega \mapsto [0, +\infty]$ $(n = 1, 2, \ldots)$ を非負値可測関数の列，$f : \Omega \mapsto [0, +\infty]$ を非負値可測関数とする．$f_n \leq f_{n+1}$ $\forall n \in \mathbb{N}$，また，各 $\omega \in \Omega$ において $\lim_{n \to \infty} f_n(\omega) = f(\omega)$ のとき，
>
> $$\lim_{n \to \infty} \int_\Omega f_n(\omega) \mu(d\omega) = \int_\Omega f(\omega) \mu(d\omega) \left(= \int_\Omega \lim_{n \to \infty} f_n(\omega) \mu(d\omega) \right) \tag{8.12}$$
>
> となる．

非負値可測関数 f は，$\lim_{n \to \infty} \varphi_n = f$ となる単関数の増加列 φ_n $n \in \mathbb{N}$ が存在するので，単調収束定理において $f_n = \varphi_n$ とすれば，非負値可測関数の積分は，単関数の積分を用いて

$$\int_\Omega f(\omega) \mu(d\omega) = \lim_{n \to \infty} \int_\Omega \varphi_n(\omega) \mu(d\omega) \tag{8.13}$$

と定義できるということです．したがって，単関数の積分を式 (8.9) で定義できれば，非負値可測関数の積分がこの式で定義できるわけです．厳密には，極限値が近似単関数のとり方によらないことなどを確かめる必要があります

が，それと同じ論法で単調収束定理も比較的容易に証明できます．

このように単関数→非負値可測関数と議論を進めていくことは測度論では一つのテクニックとしてよく使われます．本書の後半でもこのテクニックを用います．

8.4 確率変数の分布（確率分布）

これまで用いてきた確率変数の分布について改めて説明しておきます．

$X : \Omega \mapsto \mathcal{X}$ を確率空間 $(\Omega, \mathcal{F}, P)$ 上の確率変数とします．確率変数は可測関数なので，可測関数の定義から，任意のボレル集合 $B \in \mathcal{B}(\mathcal{X})$ に対して，$\{\omega \in \Omega | X(\omega) \in B\} \in \mathcal{F}$ となります．

そこで，任意のボレル集合 $B \in \mathcal{B}(\mathcal{X})$ に対して，

$$P_X(B) \equiv P(\{\omega \in \Omega | X(\omega) \in B\}) \tag{8.14}$$

と定義すると，P_X は，可測空間 $(\mathcal{X}, \mathcal{B}(\mathcal{X}))$ 上の確率測度になることが知られています．この確率測度を，確率変数 X の**分布** (distribution) と呼びます．または，確率変数 X は分布 P_X に従うといいます．

例えば，「確率空間 $(\Omega, \mathcal{F}, P)$ 上の確率変数 X が平均 0，分散 1 の 1 次元ガウス分布に従う」というのが意味していることは，任意のボレル集合 $B \in \mathcal{B}(\mathbb{R})$，例えば $B = [-1, 2]$ に対して

$$P(\{\omega \in \Omega | X(\omega) \in B\}) = P_X(B) = \int_{-1}^{2} \frac{1}{\sqrt{2\pi}} \exp\left(-\frac{x^2}{2}\right) dx \tag{8.15}$$

と計算できるということを述べているわけです．

このように，任意のボレル集合 $B \in \mathcal{B}(\mathcal{X})$ に対して

$$P(\{\omega \in \Omega | X(\omega) \in B\}) = P_X(B) = \int_B p(x) dx \tag{8.16}$$

と計算できるとき，$p(x)$ を分布 P_X の**確率密度関数** (probability density function) と呼ぶことにします．

8.5 期待値

$X : \Omega \mapsto \mathcal{X}$ を $(\Omega, \mathcal{F}, P)$ 上の確率変数，$\phi(x)$ を $\mathcal{X}$ 上のボレル可測関数と

します．このとき，$\phi(X)$ の期待値は

$$\mathbb{E}[\phi(X)] = \int_\Omega \phi(X(\omega))P(d\omega) \quad (8.17)$$

と定義されます．

確率変数に関係する期待値計算としては次の定理が重要です．

定理 8.11 （確率分布による期待値計算）

X を $(\Omega, \mathcal{F}, P)$ 上の確率変数，確率測度 P_X を X の分布，$\phi(x)$ を $\mathcal{X}$ 上のボレル可測関数とすると，

$$\mathbb{E}[\phi(X)] = \int_\Omega \phi(X(\omega))P(d\omega) = \int_\mathcal{X} \phi(x)P_X(dx) \quad (8.18)$$

となる．

証明の詳細は確率論の専門書に譲りますが，単関数による近似定理と単調収束定理を用いれば，簡単に証明することができます．

> 定理 8.11 は，確率変数とそれが従う分布（例えば，ガウス分布やガンマ分布など）を仮定すれば，その背後にある確率空間を考えなくとも，確率測度による積分計算で期待値計算ができることを意味します．これまでの章で確率空間を考えることなく，確率分布またはその確率密度関数の計算によって確率や期待値を計算できていたのはこの定理が背景にあるからです．また，確率変数とそれが従う分布を仮定する場合は，確率空間に関する情報は省略して考えることができるので，確率変数 $X(\omega)$ における ω は省略し考えないことがしばしばあります．後で説明するランダム測度においても，この視点は重要です．

8.6　確率分布のラプラス変換

確率変数 $X : \Omega \mapsto \mathcal{X}$ が従う確率分布を P，P が確率密度関数を持つ場合 $p(x)$ とします．$t \in \mathbb{R}$ に対し，$\mathbb{R}$ 上で定義された関数

$$m_X(t) = \mathbb{E}[e^{-tX}] = \int_\Omega e^{-tX(\omega)} P(\omega)$$

$$= \begin{cases} \displaystyle\sum_{x \in \mathcal{X}} e^{-tx} P(x) & (X \text{ が離散値をとるとき}) \\ \displaystyle\int_\mathcal{X} e^{-tx} p(x) dx & (X \text{ の分布が密度関数を持つとき}) \end{cases} \quad (8.19)$$

を確率分布/確率密度関数のラプラス変換といいます.

例えば，ポアソン分布の場合は，$X \sim \text{Po}(\lambda) : P(n) = \frac{\lambda^n}{n!} e^{-\lambda}$ ですから，

$$m_X(t) = \sum_{n=0}^\infty e^{-tn} \frac{\lambda^n}{n!} e^{-\lambda} = e^{-\lambda} \sum_{n=0}^\infty \frac{(\lambda e^{-t})^n}{n!} = e^{-\lambda} e^{\lambda e^{-t}} = e^{\lambda(e^{-t} - 1)} \quad (8.20)$$

となります.

ガンマ分布の場合は，$X \sim \text{Ga}(a, b) : p(x) = \frac{b^a}{\Gamma(a)} x^{a-1} e^{-bx}$ ですから，

$$m_X(t) = \int_0^\infty e^{-tx} \frac{b^a}{\Gamma(a)} x^{a-1} e^{-bx} dx = \int_0^\infty \frac{b^a}{\Gamma(a)} x^{a-1} e^{-(b+t)x} dx$$

$$= \frac{b^a}{(b+t)^a} \int_0^\infty \frac{(b+t)^a}{\Gamma(a)} x^{a-1} e^{-(b+t)x} dx = \left(\frac{b}{b+t} \right)^a \quad (8.21)$$

となります.

8.7 "確率 1" で成り立つ命題

$(\Omega, \mathcal{F}, P)$ を一般の確率空間とします．$\omega \in \Omega$ で真偽が定まる命題 $\text{prop.}(\omega)$ において，これが成り立たないような $\omega \in \Omega$ の集合 $\{\omega \in \Omega | \neg \text{prop.}(\omega)\}$ が可測集合であって，その確率測度が

$$P(\{\omega \in \Omega | \neg \text{prop.}(\omega)\}) = 0 \quad (8.22)$$

であるとき，「確率 1 で命題 $\text{prop.}(\omega)$ が成り立つ」といいます.

例えば，確率変数 X, Y について，「X と Y は確率 1 で等しい」とは，$X(\omega) \neq Y(\omega)$ となる ω の集合 $\{\omega \in \Omega | X(\omega) \neq Y(\omega)\}$ の確率測度が 0 (すなわち，$P(\{\omega \in \Omega | X(\omega) \neq Y(\omega)\} = 0))$ となることを述べています.

$P(\{\omega \in \Omega | \neg \text{prop.}(\omega)\}) = 0$ ということは，$\omega \in \Omega$ の「ほとんど

いたるところで命題 prop.(ω) が成り立つ」ということができるため，prop.(ω) a.e. (almost everywhere) などと書きます．つまり，「ほとんどいたるところで」とは，「確率測度ゼロの集合を除いた残りで」という意味です．

確率 1 で成り立つ命題について，もう一つの例を用いて，その性質について説明します．可測関数 f, g について「確率 1 で $f = g$」とします．$E = \{\omega \in \Omega | f(\omega) \neq g(\omega)\}$ とおくと $\mu(E) = 0$ なので，

$$\int_\Omega f(x)P(d\omega) = \int_{\Omega \setminus E} f(\omega)P(d\omega) + \underbrace{\int_E f(\omega)P(d\omega)}_{=0}$$
$$= \int_{\Omega \setminus E} f(\omega)P(d\omega) = \int_{\Omega \setminus E} g(x)P(d\omega)$$
$$= \int_{\Omega \setminus E} g(\omega)P(d\omega) + \underbrace{\int_E g(x)P(d\omega)}_{=0}$$
$$= \int_\Omega g(\omega)P(d\omega) \tag{8.23}$$

となり，「確率 1 で $f = g$」のときには，期待値が等しくなることがわかります．

8.8 ランダム測度

$(\Omega, \mathcal{F}, P)$ を確率空間とします．また $(\mathcal{X}, \mathcal{S})$ を可測空間とします．ここで，写像 $M : \Omega \times \mathcal{S} \mapsto [0, +\infty]$(すなわち，$\omega \in \Omega$, $A \in \mathcal{S}$ に対して $M(\omega, A) \in [0, +\infty]$) を導入します．

写像 M が次の性質：

- $A \in \mathcal{S}$ を固定すると，$M(\omega, A)$ は $\omega \in \Omega \mapsto M(\omega, A) \in [0, +\infty]$ とする確率空間 $(\Omega, \mathcal{F}, P)$ 上の測度値の確率変数
- $\omega \in \Omega$ を固定すると，$M(\omega, A)$ は $A \in \mathcal{S} \mapsto M(\omega, A) \in [0, +\infty]$ とする測度

を持つとします．このような写像 M を**ランダム測度** (random measure) と

呼びます．

ここで，$\omega \in \Omega$ を固定した M を M_ω と書くことにします．M_ω は $\mathcal{X}$ 上の測度ですが，確率空間 $(\Omega, \mathcal{F}, P)$ における各標本 $\omega \in \Omega$ に対応した測度になっています．すなわち，標本 $\omega \in \Omega$ を入力として測度 M_ω を出力する確率変数（可測関数）ということもできます．このように，M は確率空間における各標本に対応した測度となっていることが，"ランダム測度"と呼ばれる所以です．

ランダム測度について次の 2 種類の積分が定義されます．可測空間 $(\mathcal{X}, \mathcal{S})$ 上の非負値可測関数 $f : \mathcal{X} \mapsto [0, +\infty]$ に対して，

$$Mf(\omega) \equiv \int_\mathcal{X} f(x) M(\omega, dx), \ \omega \in \Omega \tag{8.24}$$

となります．ここで，$Mf(\omega)$ の記号 M は作用素として用いられています．本来は，ランダム測度とは別の記号（例えば $\mathcal{M}$）を用いたほうがわかりやすいのですが，ランダム測度の記号がそのまま使われることが多いため，本書でもそのままの記号を用います．

また，確率変数の場合と同様に，ランダム測度 M の A における値である確率変数 $M(\omega, A)$ を，ω を省略して $M(A)$ と記して，$\mathbb{R}$ 上の可測関数 ϕ に対する M の "期待測度" を

$$\mathbb{E}[\phi(M(A))] \equiv \int_\Omega \phi(M(\omega, A)) P(d\omega), \ A \in \mathcal{S} \tag{8.25}$$

とします．期待測度は，通常の確率変数に対する期待値の概念のランダム測度における類似物です．

さらに，A を固定して考えると $M(\omega, A)$ は確率変数なので，その分布を P_{M_A} とすれば，定理 8.11 より，

$$\mathbb{E}[\phi(M(A))] = \int_{[0, +\infty]} \phi(t) P_{M_A}(dt), \ A \in \mathcal{S} \tag{8.26}$$

と計算できることが重要です．

確率変数の場合と同様に，ランダム測度上の分布が存在すれば，確率空間を明示的に定義せずに議論を展開することができます．そのため，上記のように ω を省略してランダム測度 M の A における値を単に $M(A)$ と表記します．

8.9 ランダム測度のラプラス汎関数

確率変数のラプラス変換に対応する概念をランダム測度に対しても考えます．

$(\Omega, \mathcal{F}, P)$ を確率空間とします．可測空間 $(\mathcal{X}, \mathcal{S})$ 上の非負値可測関数 $f : \mathcal{X} \mapsto [0, +\infty]$ に対して，写像

$$f \mapsto \mathbb{E}[e^{-Mf}] \in [0,1] \tag{8.27}$$

で定義される汎関数を，ランダム測度 M の**ラプラス汎関数** (Laplace functional) といいます．ここで，

$$\mathbb{E}[e^{-Mf}] = \int_\Omega e^{-\int_\mathcal{X} f(x) M(\omega, dx)} P(d\omega) \tag{8.28}$$

で，Mf は式 (8.24) で定義された作用素です．

ラプラス汎関数に関しては，以下の単調収束定理に類似する定理が重要です．

定理 8.12（ラプラス汎関数における単調収束定理）

$f_n : \mathcal{X} \mapsto [0, +\infty]$ $(n = 1, 2, \ldots)$ を非負値可測関数の列，$f : \mathcal{X} \mapsto [0, +\infty]$ を非負値可測関数とする．$f_n \leq f_{n+1}$ $\forall n \in \mathbb{N}$, $\lim_{n \to \infty} f_n(x) = f(x)$ のとき，

$$\lim_{n \to \infty} \mathbb{E}[e^{-Mf_n}] = \mathbb{E}[e^{-Mf}] \tag{8.29}$$

となる．

証明．
各 $\omega \in \Omega$ に対して，単調収束定理により，$f_n \leq f_{n+1}$ $\forall n \in \mathbb{N}$, かつ各

$x \in \mathcal{X}$ について $\lim_{n\to\infty} f_n(x) = f(x)$ のとき, $\lim_{n\to\infty} Mf_n = Mf$ となります. また各 $\omega \in \Omega$ に対して, $Mf_n \leq Mf_{n+1}$ $\forall n \in \mathbb{N}$ なので, $e^{-Mf_n} \geq e^{-Mf_{n+1}}$ $\forall n \in \mathbb{N}$ です. したがって, $\mathbb{E}[e^{-Mf_n}] \geq \mathbb{E}[e^{-Mf_{n+1}}]$ $\forall n \in \mathbb{N}$ なので有界収束定理により式 (8.29) が成り立ちます. □

定理 8.12 の証明は, 有界収束定理を用いなければ次のように考えることができます. 単調増加列の収束を $\nearrow$, 単調減少列の収束を $\searrow$ で表現すると, $Mf_n \nearrow Mf$ のとき, $1 - e^{-Mf_n} \nearrow 1 - e^{-Mf}$ となります. したがって, 単調収束定理により $\mathbb{E}[1 - e^{-Mf_n}] \nearrow \mathbb{E}[1 - e^{-Mf}]$ が得られます. よって, 期待値の線形性により $1 - \mathbb{E}[e^{-Mf_n}] \nearrow 1 - \mathbb{E}[e^{-Mf}]$ から $\mathbb{E}[e^{-Mf_n}] \searrow \mathbb{E}[e^{-Mf}]$ となります. このように考えることで, 単調増加列の期待値の収束から単調減少列の期待値の収束を示すことができます.

また, 次の性質も重要です.

定理 8.13 (ランダム測度の独立性)

f, g を非負値可測関数とする. そのとき,
「M と N が可測空間 $(\mathcal{X}, \mathcal{S})$ 上の独立なランダム測度」

$$\Leftrightarrow \mathbb{E}[e^{-(Mf+Ng)}] = \mathbb{E}[e^{-Mf}]\mathbb{E}[e^{-Ng}] \qquad (8.30)$$

となる.

それでは本章で説明した測度論の基礎を用いて, 次章からいよいよノンパラメトリックベイズモデルの数理的な背景に迫ります.

Chapter 9

点過程からみるノンパラメトリックベイズモデル

本章では，ノンパラメトリックベイズモデルの理論的な背景を説明します．ノンパラメトリックベイズモデルの研究は多岐にわたるため，本書ではほんの一部しか紹介することができません．しかし，基礎理論を抑えておくことで，本書を離れて他の論文などを読む際の理解の助けになると考えらえられます．しかし通常，ノンパラメトリックベイズモデルは測度論に基づく高度な数学的な知識を必要とします．ここでは，前章で説明した測度論の基礎知識で理解できるように工夫した説明を心がけました．

9.1 点過程とは

5〜7章で説明してきたノンパラメトリックベイズモデルを構成する確率過程は，**点過程** (point process) という枠組みで統一的にみることができます [25, 26, 27, 28, 29, 30]．点過程は，離散的に発生する事象を抽象化した「点」集合と各点が持つ「何らかの量」に関する統計モデルです．時間軸や平面，さらに一般的な空間上の「点」配置の確率的なメカニズムを解析するのに役立ちます．ここでは点過程について概要を説明し，より数理的な説明は次節で行います．

比喩的に説明すると，点過程は「点」と「棒」の統計モデルといえます．例

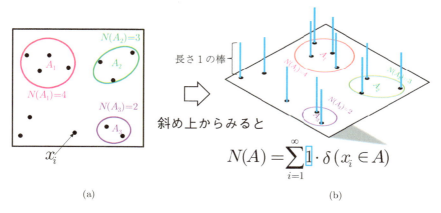

図 9.1 計数過程の例．

えば，図 9.1 (a) のように平面上に点が分布しているとします．この分布が，ある地域における交通事故の発生場所だとすれば，将来的にどのような分布になりうるかというのを現時点のデータから予測したいという要望がありそうです．そのような場合に点過程による解析が一つの手段となります．点の分布の性質を統計的に解析する際に一つ一つの点を扱うのではなく，これらの点から計算される統計量に注目してみます．図 9.1 の例では，ある領域 A における点の個数に着目し，領域 A を指定するとその個数を出力する変数 $N(A)$ を考えてみます．このような $N(A)$ は，**計数過程** (counting process) と呼ばれる点過程によって解析することが可能です．

$N(A)$ は，

$$N(A) = \sum_{i=1}^{\infty} \delta(x_i \in A) \tag{9.1}$$

と定式化できます．無限和なのは，将来的に発生しうる点も含めていると思っていただければよいです．このようにすると，x_i の配置の確率的なメカニズムとそのうえでの無限和に関する数学的な解析ができるとよさそうです．

さらに，図 9.1 (b) にあるように，この点を数えるという処理は各点に付随している長さ 1 の棒（重み）を足し合わせているとみることができます．

したがって，棒（重み）のほうにも確率的な性質があるとすれば，より一般的に

$$X(A) = \sum_{i=1}^{\infty} w_i \delta(x_i \in A) \tag{9.2}$$

と書くことができそうです．すなわち $w_i = 1$ $(i = 1, 2, \ldots)$ のとき $X(A)$ は計数過程の $N(A)$ となります．このようなとき，w_i と x_i に対して統計的なモデルを仮定することでさまざまな点過程が考えられます．このような重み付き点の確率過程は，**マーク付き点過程** (marked point process) と呼ばれますが，ここではすべてを含めて点過程と呼ぶことにします．

9.2 ポアソン過程

時間軸（1次元）上での点過程から話を始めましょう．

$\mathcal{T} = \{t \in \mathbb{R} | t \geq 0\}$ で時間軸を表すことにします．確率空間 $(\Omega, \mathcal{F}, P)$ 上で定義された確率変数の集合 $\{X_t\}_{t \in \mathcal{T}}$ を**確率過程** (stochastic process) と呼びます．標本 $\omega \in \Omega$ を固定すると，時間 $t \in \mathcal{T}$ だけを変数とする1つの関数

$$t \mapsto X_t(\omega) \tag{9.3}$$

が定まります．この関数を**標本関数** (sampling function)，**見本関数** (sample function)，**パス** (path) などと呼びます．例えば，Ω を動物の集合として，庭先に確率的に動物が現れるときの確率空間 $(\Omega, \mathcal{F}, P)$ 上で $\omega \in \Omega$ を猫とし，その足跡の数を $X_t(\omega)$ とすると，$X_t(\omega)$ によって猫の足跡の数の時間変化を記述しています．

標本関数が

$$\forall t \in \mathcal{T} \quad \lim_{s \to t} X_s(\omega) = X_t(\omega) \tag{9.4}$$

であるとき，**連続**であるといいます．

確率過程では，ω は省略して単に X_t と書いて，特定の ω の t に関する X_t の値についての議論を展開することがしばしばあります．

> **定義 9.1（加法過程）**
>
> 確率過程 $(X_t)_{t \in T}$ において，X_t が連続で，$X_0 = 0$,
>
> $0 \leq t_1 \leq t_2 \leq t_3 \ldots \leq t_{k-1} \leq t_k$
> $\Rightarrow X_{t_2} - X_{t_1}, X_{t_3} - X_{t_2}, \ldots, X_{t_k} - X_{t_{k-1}}$ が独立 (9.5)
>
> のとき，$(X_t)_{t \in T}$ は**加法過程** (additive process) という．

事象の生起時点列を $0 \leq t_1 \leq t_2 \leq \ldots$ とし，標本関数 N_t を区間 $[0, t] \subset \mathcal{T}$ における事象の生起数，$N([t_1, t_2]) = N_{t_2} - N_{t_1}$ を区間 $[t_1, t_2] \subset \mathcal{T}$ での生起数とします．このような確率過程 $(N_t)_{t \in \mathcal{T}}$ が，先に説明した**計数過程**です．本節では，代表的な計数過程であるポアソン過程について説明します．

まず準備として，**強度関数** (intensity function) と呼ばれる $\mathcal{T}$ 上の非負値関数 $\lambda : \mathcal{T} \mapsto [0, \infty)$ を導入します．また，$0 \leq s \leq t$ のとき，

$$\lambda([s, t]) = \int_s^t \lambda(t) dt \qquad (9.6)$$

とします．

計数過程 $(N_t)_{t \in \mathcal{T}}$ が

> - $0 \leq s \leq t$ のとき，$N([s, t]) \sim \mathrm{Po}(\lambda([s, t]))$
> - N_t は加法過程である

の性質を持つとき，$(N_t)_{t \in \mathcal{T}}$ は**ポアソン過程** (Poisson process) と呼ばれています．

図 **9.2** を用いて，ポアソン過程について簡単に説明します．$\omega =$ 猫の訪問(足跡で表現しました) として固定し，時刻 t における猫の訪問の発生回数を N_t で表現します．猫の訪問にポアソン過程を仮定した場合，猫の訪問の発生度合いは時間軸上の強度関数 $\lambda(t)$ に依存します．ある区間 $[s, t] \subset \mathcal{T}$ の強度関数の値 $\lambda([s, t])$（お腹の減り具合など？）が大きい区間ほど，足跡が発生する確率が高くなります．数理的には，区間 $[s, t]$ における足跡の発生

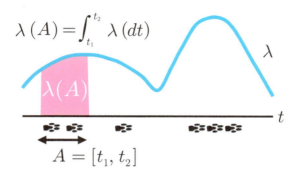

図 9.2 ポアソン過程の例.

数が $\lambda([s,t])$ をパラメータとするポアソン分布に従います．このような強度関数 $\lambda(t)$（お腹の減り具合など？）を推定することで，ある区間における将来的な猫の訪問の発生数を推定することができます．

さて，$N([s,t])$ についてもう少し分析してみましょう．$N([s,t])$ は，そもそも特定の標本 ω を固定していたので，ω も考慮して $N(\omega,[s,t])$ と書くことにします．$[s,t]$ を $T=[s,t]\subset\mathcal{T}$ と書けば，$N(\omega,T)$ と書くことができます．すなわち，$\mathcal{T}$ のボレル集合族を $\mathcal{B}(\mathcal{T})$ とすれば，$N:\Omega\times\mathcal{B}(\mathcal{T})\mapsto\mathbb{N}$ という写像なので，これは，8.8 節（p.123 参照）で説明したランダム測度であることがわかります．このように考えると，確率過程はランダム測度を用いて定式化できることがわかります．また，$\mathcal{T}$ に限定する必要もないように思えます．つまり，これまで時間軸上で考えてきましたが，ポアソン過程は 2 次元平面や 3 次元空間など，より一般的な空間に関して次のように定義することができます．

> **定義 9.2（ポアソン過程・ポアソンランダム測度）**
>
> λ を可測空間 $(\mathcal{X}, \mathcal{S})$ 上の非負値可測関数とする．すなわち，$\lambda(A) = \int_{x \in A} \lambda(dx)$ となる．このとき，任意の可測集合 $A \subset \mathcal{X}$ に対して，
>
> $$N(A) \sim \mathrm{Po}(\lambda(A)) \tag{9.7}$$
>
> であり，任意の k に対して，$A_1, A_2, \ldots, A_k$ が互いに共通部分をもたないならば $N(A_1), N(A_2), \ldots, N(A_k)$ が互いに独立であるとき，N は**ポアソン過程** (Poisson process) に従うといい，
>
> $$N \sim \mathrm{PP}(\lambda) \tag{9.8}$$
>
> と表記する．
>
> また，N を**ポアソンランダム測度** (Poisson random measure) と呼ぶ．

図 9.3 にポアソンランダム測度の直感的な説明を示します．

確率過程では，ランダム測度上の確率測度の存在を前提にしているため，確率空間 $(\Omega, \mathcal{F}, P)$ は陽に考えずに議論を進めていきます．そのため，$N(\omega, A)$ ではなく $N(A)$ という表記でランダム測度を用います．

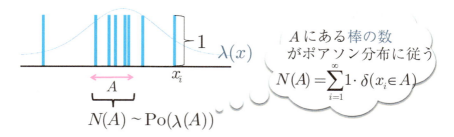

図 9.3 ポアソンランダム測度の説明．

9.3 ポアソンランダム測度のラプラス汎関数

確率分布は，ラプラス変換によって別の表現を得ることができました．ポアソンランダム測度も同様にラプラス変換に相当するラプラス汎関数を計算することで，ポアソン過程の別の表現を得ることができます．特に確率過程は，確率分布のように陽に確率密度関数によって定式化することができませんが，そのラプラス汎関数は陽に表現することができます．

定理 9.3（ポアソンランダム測度のラプラス汎関数）

N を可測空間 $(\mathcal{X}, \mathcal{S})$ 上のポアソンランダム測度 $N \sim \mathrm{PP}(\lambda)$ とする．$f : \mathcal{X} \mapsto [0, +\infty]$ を可測空間 $(\mathcal{X}, \mathcal{S})$ 上の非負値可測関数とする．このとき N のラプラス汎関数は，

$$\mathbb{E}[e^{-Nf}] = \exp\left(-\int_{\mathcal{X}} (1 - \exp(-f(x)))\lambda(dx)\right) \tag{9.9}$$

となる．

証明．

先に方針を述べると，まず f として単関数を用いて式 (9.9) を示します．次に，単調収束定理を用いて一般の非負値可測関数へと拡張します．ポイントとしては，ポアソン過程は定義からある部分集合 $A \subset \mathcal{X}$ を固定すると $N(A)$ はポアソン分布に従うので，部分集合だけで考えればラプラス変換は計算できるので，これを利用します．

まず，f を単関数と仮定します．

$$A_i = \{x | f(x) = a_i\},\ A_i \cap A_j = \emptyset\ (i \neq j),\ \text{さらに}\ \cup_{i=1}^{k} A_i = \mathcal{X} \tag{9.10}$$

として，

$$f(x) = \varphi(x) \equiv \sum_{i=1}^{k} a_i 1_{A_i}(x) \tag{9.11}$$

と定義します．ポアソンランダム測度による単関数の積分は（p.124 の式

(8.24) 参照),

$$N\varphi = \int \phi(x) N(dx) = \sum_{i=1}^{k} a_i N(A_i) \tag{9.12}$$

となります. $N(A_i)$ と $N(A_j)$ は $i \neq j$ ならば独立です. また, ポアソン過程の定義から, $\lambda(A_i) = \lambda_i$ として

$$N(A_i) \sim \mathrm{Po}(\lambda_i) \tag{9.13}$$

となります.

したがって, ラプラス汎関数の性質により

$$\mathbb{E}[e^{-N\varphi}] = \mathbb{E}\left[\exp\left(-\left(\sum_{i=1}^{k} a_i N(A_i)\right)\right)\right] = \prod_{i=1}^{k} \mathbb{E}[\exp\left(-a_i N(A_i)\right)]$$

$$= \prod_{i=1}^{k} \exp(-(1 - \exp(-a_i))\lambda_i)$$

(ポアソン分布のラプラス変換 (8.20) より)

$$= \exp\left(\sum_{i=1}^{k} -(1 - \exp(-a_i))\lambda_i\right)$$

$$= \exp\left(\sum_{i=1}^{k} \int_{A_i} -(1 - \exp(-\varphi(x)))\lambda(dx)\right)$$

$$= \exp\left(-\int_{\mathcal{X}} (1 - \exp(-\varphi(x)))\lambda(dx)\right) \tag{9.14}$$

となります.

次に, 式 (9.14) の結果を非負値可測関数へ拡張します.

定理 8.9 (p.118 参照) により, 非負値可測関数 $f : \mathcal{X} \mapsto [0, +\infty]$ に対して

$$\lim_{n \to \infty} \varphi_n(x) = f(x) \tag{9.15}$$

となる単関数の増加列

$$0 \leq \varphi_1(x) \leq \varphi_2(x) \leq \ldots \tag{9.16}$$

が存在するので, 定理 8.12 (p.125 参照) より

$$\mathbb{E}[e^{-Nf}] = \lim_{n\to\infty} \mathbb{E}[e^{-N\varphi_n}]$$
$$= \lim_{n\to\infty} \exp\left(-\int_{\mathcal{X}} (1-\exp(-\varphi_n(x)))\lambda(dx)\right)$$
$$= \exp\left(-\int_{\mathcal{X}} (1-\exp(-f(x)))\lambda(dx)\right) \tag{9.17}$$

となります. □

9.4 ガンマ過程

点過程は,

$$X(A) = \sum_{i=1}^{\infty} w_i \delta(x_i \in A) \tag{9.18}$$

のように, 重み w_i と, x_i に関する統計的な性質によりさまざまな種類があります. ポアソン過程では, x_i が生成される場所は強度関数 $\lambda(x)$ に依存し, 重みは $w_i = 1$ に固定されていました. ここでは, 重みに関して $w_i = 1$ と固定しない点過程の一つとして, 重要なガンマ過程について説明します.

> **定義 9.4 (ガンマ過程・ガンマランダム測度)**
>
> α を可測空間 $(\mathcal{X}, \mathcal{S})$ 上の非負値可測関数とする. 任意の可測集合 $A \subset \mathcal{X}$ に対して
>
> $$\gamma(A) \sim \mathrm{Ga}(\alpha(A), 1) \tag{9.19}$$
>
> であり, 任意の k に対して, $A_1, A_2, \ldots, A_k$ が互いに共通部分をもたないならば, $\gamma(A_1), \gamma(A_2), \ldots, \gamma(A_k)$ が互いに独立であるとき, γ は**ガンマ過程** (gamma process) に従うと定義し,
>
> $$\gamma \sim \Gamma\mathrm{P}(\alpha) \tag{9.20}$$
>
> と表記する.
>
> また, γ を**ガンマランダム測度** (gamma random measure) と呼ぶ.

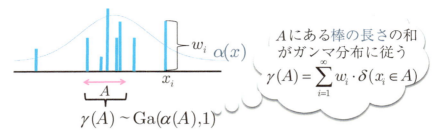

図 9.4 ガンマランダム測度の説明.

図 9.4 にガンマランダム測度の直感的な説明を示します．

式 (9.20) に対して非負値可測関数 β を用いて，

$$\gamma(A) \sim \mathrm{Ga}(\alpha(A), \beta(A)) \tag{9.21}$$

と拡張したものを，**重み付きガンマ過程** (weighted gamma process) などと呼びます．

9.5　ガンマランダム測度のラプラス汎関数

ポアソンランダム測度の場合と同様に，ガンマランダム測度のラプラス汎関数を計算することで，ガンマ過程の別の表現を得ることができます．

> **定理 9.5**（ガンマランダム測度のラプラス汎関数）
>
> γ を可測空間 $(\mathcal{X}, \mathcal{S})$ 上のガンマランダム測度 $\gamma \sim \Gamma\mathrm{P}(\alpha)$ とする．$f : \mathcal{X} \mapsto [0, +\infty]$ を可測空間 $(\mathcal{X}, \mathcal{S})$ 上の非負値可測関数とする．このとき，γ のラプラス汎関数は
>
> $$\mathbb{E}[e^{-\gamma f}] = \exp\left(-\int_{\mathcal{X}} \log(1 + f(x)) \alpha(dx)\right) \tag{9.22}$$
>
> となる．

証明．

（方針は，ポアソンランダム測度の場合と同様です．）

まず，f が単関数であると仮定します．

9.5 ガンマランダム測度のラプラス汎関数

$$A_i = \{x|f(x) = a_i\}, \ A_i \cap A_j = \emptyset \ (i \neq j), \ \text{さらに} \cup_{i=1}^k A_i = \mathcal{X} \quad (9.23)$$

として,

$$f(x) = \varphi(x \equiv \sum_{i=1}^k a_i 1_{A_i}(x) \quad (9.24)$$

と定義します.ガンマランダム測度による単関数の積分は(p.124の式(8.24)参照),

$$\gamma\varphi = \int \varphi(x)\gamma(dx) = \sum_{i=1}^k a_i \gamma(A_i) \quad (9.25)$$

となります.$\gamma(A_i)$と$\gamma(A_j)$は$i \neq j$ならば独立です.また,ガンマ過程の定義から,$\alpha(A_i) = \alpha_i$とすれば

$$\gamma(A_i) \sim \text{Ga}(\alpha_i, 1) \quad (9.26)$$

となります.

したがって,ラプラス汎関数の性質により

$$\mathbb{E}[e^{-\gamma\varphi}] = \mathbb{E}\left[\exp\left(-\sum_{i=1}^k a_i \gamma(A_i)\right)\right] = \prod_{i=1}^k \mathbb{E}[\exp(-a_i \gamma(A_i))]$$

$$= \prod_{i=1}^k \left(\frac{1}{1+a_i}\right)^{\alpha_i} \quad (\text{ガンマ分布のラプラス変換}(8.21)\text{より})$$

$$= \prod_{i=1}^k \exp(-\log(1+a_i)\alpha_i)$$

$$= \exp\left(\sum_{i=1}^k -\log(1+a_i)\alpha_i\right)$$

$$= \exp\left(-\sum_{i=1}^k \int_{A_i} \log(1+\varphi(x))\alpha(dx)\right)$$

$$= \exp\left(-\int_{\mathcal{X}} \log(1+\varphi(x))\alpha(dx)\right) \quad (9.27)$$

となります.

次に,式(9.27)を非負値可測関数へ拡張します.

定理 8.9（p.118 参照）と単調収束定理から，非負値可測関数 $f : \mathcal{X} \mapsto [0, +\infty]$ に対して

$$\lim_{n \to \infty} \varphi_n(x) = f(x) \tag{9.28}$$

となる単関数の増加列

$$0 \leq \varphi_1(x) \leq \varphi_2(x) \leq \cdots \tag{9.29}$$

が存在するので，定理 8.12（p.125 参照）より，

$$\begin{aligned}
\mathbb{E}[e^{-\gamma f}] &= \lim_{n \to \infty} \mathbb{E}[e^{-\gamma \varphi_n}] \\
&= \lim_{n \to \infty} \exp\left(-\int_{\mathcal{X}} \log(1 + \varphi_n(x)) \alpha(dx)\right) \\
&= \exp\left(-\int_{\mathcal{X}} \log(1 + f(x)) \alpha(dx)\right)
\end{aligned} \tag{9.30}$$

となります. □

9.6 ガンマランダム測度の離散性

> ガンマランダム測度は，任意の可測集合 $A \subset \mathcal{X}$ に対して，
>
> $$\gamma(A) = \sum_{i=1}^{\infty} w_i \delta(x_i \in A) \tag{9.31}$$
>
> と表現できることが知られています.

すなわち，離散測度として表現することができます．この性質は，非常に興味深いです．なぜなら，ガンマ過程の定義をみると，ガンマランダム測度に対して明示的に離散的な定式化を行っているわけではないからです．ここでは，ガンマ過程の定義からガンマランダム測度が離散測度であること[26,27]を説明します．

まず，いくつか数学的な準備を行います．これまでの議論と同様に，単関数の場合を最初に考えます．

$$A_i = \{x | f(x) = a_i\}, \; A_i \cap A_j = \emptyset \; (i \neq j), \; \text{さらに} \cup_{i=1}^{k} A_i = \mathcal{X} \tag{9.32}$$

として，
$$\varphi(x) \equiv \sum_{i=1}^{k} a_i 1_{A_i}(x) \tag{9.33}$$
と定義します．このとき，ガンマランダム測度による単関数の積分は（p.124 の式 (8.24) 参照），
$$\gamma\varphi = \int \varphi(x)\gamma(dx) = \sum_{i=1}^{k} a_i \gamma(A_i) \tag{9.34}$$
となるのでした．ここで，$\gamma(A_i) = \gamma_i$ とおくことにします．さらに，$x_i \in dx_i$ となるような集合 dx_i を導入し，$\gamma(dx_i) = \gamma_i$ であるとします．例えば 1 次元では，dx_i は，x_i を含む微小区間 ($dx_i = [x_i, x_i + dx]$) をイメージすればわかりやすいと思います．

このような場合に，以下の計算を考えてみましょう．$\alpha(A_i) = \alpha_i$ とおくと，
$$\mathbb{E}_{\gamma \sim \Gamma\mathrm{P}(\alpha)}[\gamma(dx_i)e^{-\gamma\phi}] = \mathbb{E}_{\gamma \sim \Gamma\mathrm{P}(\alpha)}[\gamma_i]e^{-\gamma\phi} = \mathbb{E}_{\gamma \sim \Gamma\mathrm{P}(\alpha)}[\gamma_i e^{-\sum_{j=1}^{k} a_j \gamma_j}]$$
$$= \prod_{j=1}^{k} \mathbb{E}_{\mathrm{Ga}(\gamma_j|\alpha_j,1)}[\gamma_i^{\delta(j=i)} e^{-a_i \gamma_j}] \tag{9.35}$$
となります．

ここで，
$$\gamma_i^{\delta(j=i)} \frac{1}{\Gamma(\alpha_j)} \gamma_j^{\alpha_j - 1} \exp(-\gamma_j)$$
$$= \frac{1}{\Gamma(\alpha_j)} \gamma_j^{\alpha_j + \delta(j=i) - 1} \exp(-\gamma_j)$$
$$= \frac{1}{\Gamma(\alpha_j + \delta(j=i))} \gamma_j^{\alpha_j + \delta(j=i) - 1} \exp(-\gamma_j) \frac{\Gamma(\alpha_j + \delta(j=i))}{\Gamma(\alpha_j)}$$
$$= \mathrm{Ga}(\gamma_j | \alpha_j + \delta(j=i), 1) \frac{\Gamma(\alpha_j + \delta(j=i))}{\Gamma(\alpha_j)} \tag{9.36}$$
です．さらに，$\prod_{j=1}^{k} \frac{\Gamma(\alpha_j + \delta(j=i))}{\Gamma(\alpha_j)} = \alpha_i = \alpha(dx_i)$ なので，
$$\mathbb{E}_{\gamma \sim \Gamma\mathrm{P}(\alpha)}[\gamma(dx_i)e^{-\gamma\phi}] = \prod_{j=1}^{k} \left[\mathbb{E}_{\mathrm{Ga}(\gamma_j|\alpha_j + \delta(j=i),1)}[e^{-a_j \gamma_j}] \frac{\Gamma(\alpha_j + \delta(j=i))}{\Gamma(\alpha_j)} \right]$$

$$
\begin{aligned}
&= \prod_{j=1}^{k} \mathbb{E}_{\mathrm{Ga}(\gamma_j | \alpha_j + \delta(j=i), 1)}[e^{-\gamma_j f}]) \alpha(dx_i) \\
&= \prod_{j=1}^{k} \left(\frac{1}{1+a_j} \right) \alpha(dx_i)^{\alpha_j + \delta(j=i)}
\end{aligned}
$$

(ガンマ分布のラプラス変換 (8.21) より)

$$
\begin{aligned}
&= \prod_{j=1}^{k} \exp(-\log(1+a_j)(\alpha_j + \delta(j=i)) \alpha(dx_i) \\
&= \exp\left(\sum_{j=1}^{k} -\log(1+a_j)(\alpha_j + \delta(j=i)) \right) \alpha(dx_i) \\
&= \exp\left(\sum_{j=1}^{k} -\int_{A_j} \log(1+\varphi(x))(\alpha + \delta_{x_i})(dx) \right) \alpha(dx_i) \\
&= \underbrace{\exp\left(-\int_{\mathcal{X}} \log(1+\varphi(x))(\alpha + \delta_{x_i})(dx) \right)}_{} \alpha(dx_i)
\end{aligned}
\tag{9.37}
$$

となります.

> δ_{x_i} は,**デルタ測度** (delta measure) で,
> $$
> \begin{cases} x_i \in A \text{ のとき,} & \delta_{x_i}(A) = 1 \\ x_i \notin A \text{ のとき,} & \delta_{x_i}(A) = 0 \end{cases}
> \tag{9.38}
> $$
> となります. つまり, $\delta_{x_i}(dx)$ は, $x_i \in dx$ のときに 1 をとる測度です.

$(\alpha + \delta_{x_i})(dx)$ は $(\alpha(dx) + \delta_{x_i}(dx))$ と考えるとわかりやすいと思います. $\alpha + \delta_{x_i}$ を一つの測度としてみているため, このような表現にしています.

さて, 式 (9.37) の意味を考えてみましょう. 式 (9.37) の波線部分は, $\alpha + \delta_{x_i}$ を基底測度とするガンマランダム測度 $\gamma \sim \Gamma\mathrm{P}(\alpha + \delta_{x_i})$ のラプラス汎関数とみることができます. すなわち,

$$
\mathbb{E}_{\gamma \sim \Gamma\mathrm{P}(\alpha)}[\gamma(dx_i) e^{-\gamma\phi}] = \mathbb{E}_{\gamma \sim \Gamma\mathrm{P}(\alpha + \delta_{x_i})}[e^{-\gamma\phi}] \alpha(dx_i)
$$

とみることができます．

ここで，直感的な理解を優先させるために天下り的ではありますが，ランダム測度 γ の確率測度を $P(d\gamma|\alpha)$ と書き，ラプラス汎関数の計算を

$$\mathbb{E}_{\gamma \sim \Gamma\mathrm{P}(\alpha)}[e^{-\gamma\phi}] = \int e^{-\gamma\phi} P(d\gamma|\alpha) \tag{9.39}$$

と表現することにします．$P(d\gamma|\alpha)$ を，ガンマランダム測度 γ の測度とします．

確率過程 $\{X_t\}_{t \in \mathcal{T}}$ からもわかるとおり，ランダム測度は「無限次元空間」に値をとる確率変数であるため，厳密には，このような無限次元の確率変数の分布が存在することを証明する必要がありますが*1，ここではその存在を仮定して議論することにします．

式 (9.37) から，

$$\begin{aligned}\mathbb{E}_{\gamma \sim \Gamma\mathrm{P}(\alpha)}[\gamma(dx_i) e^{-\gamma\phi}] &= \int e^{-\gamma\phi} \gamma(dx_i) P(d\gamma|\alpha) \\ &= \int e^{-\gamma\phi} P(d\gamma|\alpha + \delta_{x_i}) \alpha(dx_i) \end{aligned} \tag{9.40}$$

と計算していることがわかります．$P(d\gamma|\alpha + \delta_{x_i})$ は，$\gamma(x_i)$ を観測した後のガンマランダム測度の事後確率測度とみることができます．

これ以降の説明では，計算のわかりやすさを優先させて，γ に関するある関数 $\ell(\gamma)$ に対する $\mathbb{E}_{\gamma \sim \Gamma\mathrm{P}(\alpha)}[\ell(\gamma)]$ という期待値計算を

$$\int \ell(\gamma) P(d\gamma|\alpha) \tag{9.41}$$

と書くことにします．

また，以下の説明では

$$\gamma(dx_i) P(d\gamma|\alpha) = P(d\gamma|\alpha + \delta_{x_i}) \alpha(dx_i) \tag{9.42}$$

という計算をもとに議論を展開していきます．

$P(d\gamma|\alpha)$ による積分は，式 (9.35) の計算からもわかるとおり，$\mathcal{X}$ の互いに共通部分を含まない任意の分割 $A_1, A_2, \ldots, A_K$ に対して，$\gamma(A_k) = \gamma_k$，

---

*1　$X = (X_1(\omega), X_2(\omega), \ldots)$ を無限次元ベクトルを値にとる確率変数とすると，X の分布を定義できる必要があります．

$\alpha(A_k) = \alpha_k$ とすると,$P(d\gamma|\alpha)$ による積分が $\prod_{k=1}^{K} \mathrm{Ga}(\gamma_k|\alpha_k, 1)d\gamma_k$ による積分で計算できることを意味します.

それでは,ガンマランダム測度が離散測度,すなわち,任意の可測集合 $A \subset \mathcal{X}$ に対して $\gamma(A) = \sum_{i=1}^{\infty} w_i \delta(x_i \in A)$ と表現できることを示します.一般に,$\mathcal{X}$ 上の有限測度 μ が離散測度ということは,ある点の測度が非ゼロかつ,それらを集めれば $\mu(\mathcal{X})$ となるということなので,$\mathcal{X}$ 上の測度 μ が離散測度である必要十分条件は

$$\mu(\{v \in \mathcal{X}|\mu(\{v\}) > 0\}) = \mu(\mathcal{X}) < \infty \tag{9.43}$$

となります.これは,測度が 0 となるような点全体の測度を考えると

$$\mu(\{v \in \mathcal{X}|\mu(\{v\}) = 0\}) = 0 \tag{9.44}$$

とも表現できます.この表現を用いると,ガンマランダム測度の離散性について,以下の定理を示すことができます.

定理 9.6 (ガンマランダム測度の離散性)

$\gamma \sim \Gamma\mathrm{P}(\alpha)$ のとき,確率 1 で

$$\gamma(\{v \in \mathcal{X}|\gamma(\{v\}) = 0\}) = 0 \tag{9.45}$$

となる.

証明.
$\mathcal{Z} = \{v \in \mathcal{X}|\gamma(\{v\}) = 0\}$ とすると,$\gamma(\{v \in \mathcal{X}|\gamma(\{v\}) = 0\}) = \int 1_{\mathcal{Z}}(v)\gamma(dv)$ より,式 (9.42) を用いれば,

$$\begin{aligned}
\int \gamma(\{v \in \mathcal{X}|\gamma(\{v\}) = 0\})P(d\gamma|\alpha) &= \iint 1_{\mathcal{Z}}(v)\gamma(dv)P(d\gamma|\alpha) \\
&= \iint \int 1_{\mathcal{Z}}(v)P(d\gamma|\alpha + \delta_v)\alpha(dv) \\
&= \int P(\{\gamma|\gamma(\{v\}) = 0\}|\alpha + \delta_v)\alpha(dv)
\end{aligned}$$
(9.46)

となります.ここで,v が観測として与えられたもとでのガンマ過程 $\gamma \sim \Gamma\mathrm{P}(\alpha + \delta_v)$ では,ガンマ過程の定義より,

$$\gamma(\{v\}) \sim \mathrm{Ga}(\alpha(\{v\}) + 1, 1) \tag{9.47}$$

を満たすので,$\gamma(\{v\}) > 0$ となるため,$P(\{\gamma|\gamma(\{v\}) = 0\}|\alpha + \delta_v) = 0$ となります.したがって,$\int \gamma(\{v \in \mathcal{X}|\gamma(\{v\}) = 0\}) P(d\gamma|\alpha) = 0$ より,ほとんどいたる γ で $\gamma(\{v \in \mathcal{X}|\gamma(\{v\}) = 0\}) = 0$ となるため,確率 1 で式 (9.45) が成り立ちます. □

9.7 正規化ガンマ過程

ここでは,ガンマ過程を正規化した正規化ガンマ過程について説明します.正規化ガンマ過程は,次に説明するディリクレ過程と深い関係にあります.

生成過程:

$$\gamma \sim \Gamma\mathrm{P}(\alpha), \tag{9.48}$$

$$G = \frac{\gamma}{\gamma(\mathcal{X})}, \quad (\gamma(\mathcal{X}) \sim \mathrm{Ga}(\alpha(\mathcal{X})) \text{ に注意}), \tag{9.49}$$

$$x_i \sim G \ (i = 1, 2, \ldots, n) \tag{9.50}$$

を考えます.G は,$G(\mathcal{X}) = \frac{\gamma(\mathcal{X})}{\gamma(\mathcal{X})} = 1$ となるので正規化されています.このように構成した G を

$$G \sim \mathrm{N}\Gamma\mathrm{P}(\alpha) \tag{9.51}$$

と書き,**正規化ガンマ過程** (normalized gamma process) に従うといいます.

このとき,α のもとでの確率 $P(d\boldsymbol{x}_{1:n}|\alpha)$ を求めてみましょう.計算のポイントは,

$$\gamma(dx_i) P(d\gamma|\alpha) = P(d\gamma|\alpha + \delta_{x_i}) \alpha(dx_i) \tag{9.52}$$

を順次用いることです.

すなわち,

$$P(d\boldsymbol{x}_{1:n}|\alpha) = \int P(d\boldsymbol{x}_{1:n}|\gamma) P(d\gamma|\alpha)$$

$$
\begin{aligned}
&= \int \prod_{i=1}^{n} P(dx_i|\gamma) p(d\gamma|\alpha) \\
&= \int \prod_{i=1}^{n} G(dx_i) P(d\gamma|\alpha) \\
&= \int \frac{1}{\gamma(\mathcal{X})^n} \prod_{i=1}^{n} \gamma(dx_i) P(d\gamma|\alpha) \\
&= \int \frac{1}{\gamma(\mathcal{X})^n} \left[\prod_{i=2}^{n} \gamma(dx_i)\right] \gamma(x_1) P(d\gamma|\alpha) \\
&= \int \frac{1}{\gamma(\mathcal{X})^n} \left[\prod_{i=2}^{n} \gamma(dx_i)\right] P(d\gamma|\alpha + \delta_{x_1}) \alpha(dx_1) \\
&= \int \frac{1}{\gamma(\mathcal{X})^n} \left[\prod_{i=3}^{n} \gamma(dx_i)\right] \gamma(dx_2) P(d\gamma|\alpha + \delta_{x_1}) \alpha(dx_1) \\
&= \int \frac{1}{\gamma(\mathcal{X})^n} \left[\prod_{i=3}^{n} \gamma(dx_i)\right] P(d\gamma|\alpha + \delta_{x_1} + \delta_{x_2})(\alpha + \delta_{x_1})(dx_2)\alpha(dx_1) \\
&= \cdots (\text{再帰的に計算して}) \\
&= \int \frac{1}{\gamma(\mathcal{X})^n} P\left(d\gamma \,\middle|\, \alpha + \sum_{i=1}^{n} \delta_{x_i}\right) \prod_{i=1}^{n} \left(\alpha + \sum_{j=1}^{i-1} \delta_{x_j}\right)(dx_i)
\end{aligned}
$$
(9.53)

となります*2．ここで，ガンマ過程の定義から

$$
\begin{aligned}
&\int \frac{1}{\gamma(\mathcal{X})^n} P\left(d\gamma \,\middle|\, \alpha + \sum_{i=1}^{n} \delta_{x_i}\right) \\
&= \int \frac{1}{\gamma(\mathcal{X})^n} \mathrm{Ga}\left(\gamma(\mathcal{X}) \,\middle|\, \left(\alpha + \sum_{i=1}^{n} \delta_{x_i}\right)(\mathcal{X}), 1\right) d\gamma(\mathcal{X})
\end{aligned}
$$

---

*2 実は積分順序が交換可能であることを暗黙的に使っていますが「フビニの定理」により保証されています．

9.7 正規化ガンマ過程

$$
\begin{aligned}
&= \int \frac{1}{\gamma(\mathcal{X})^n} \mathrm{Ga}\left(\gamma(\mathcal{X}) \,\middle|\, \alpha(\mathcal{X}) + \sum_{i=1}^{n} \underbrace{\delta_{x_i}(\mathcal{X})}_{=1}, 1 \right) d\gamma(\mathcal{X}) \\
&= \int \frac{1}{\gamma(\mathcal{X})^n} \mathrm{Ga}\left(\gamma(\mathcal{X}) \,|\, \alpha(\mathcal{X}) + n, 1\right) d\gamma(\mathcal{X}) \\
&= \frac{\Gamma(\alpha(\mathcal{X}))}{\Gamma(\alpha(\mathcal{X}) + n)}
\end{aligned}
\tag{9.54}
$$

となります．最後の等式は，以下を用いました．

> $x \sim \mathrm{Ga}(x|a+n, 1)$ のとき
> $$\mathbb{E}\left[\frac{1}{x^n}\right] = \frac{\Gamma(a)}{\Gamma(a+n)} \tag{9.55}$$
> となる．

式 (9.55) の証明．

$\mathrm{Ga}(y|n, x) = \frac{x^n}{\Gamma(n)} y^{n-1} e^{-xy}$ を用いて，

$$
1 = \int_0^\infty \mathrm{Ga}(y|n, x) dy = \int_0^\infty \frac{x^n}{\Gamma(n)} y^{n-1} e^{-xy} dy = \underset{\sim}{x^n} \int_0^\infty \frac{1}{\Gamma(n)} y^{n-1} e^{-xy} dy
\tag{9.56}
$$

より，

$$
\begin{aligned}
\mathbb{E}\left[\frac{1}{\underset{\sim}{x^n}}\right] &= \mathbb{E}_{\mathrm{Ga}(x|a+n, 1)} \left[\int_0^\infty \frac{1}{\Gamma(n)} y^{n-1} e^{-xy} dy\right] \\
&= \int_0^\infty \frac{1}{\Gamma(n)} y^{n-1} \mathbb{E}_{\mathrm{Ga}(x|a+n, 1)}[e^{-xy}] dy \\
&= \int_0^\infty \frac{1}{\Gamma(n)} y^{n-1} (1+y)^{-(a+n)} dy \quad \text{(ガンマ分布のラプラス変換 (8.21) より)} \\
&= \frac{1}{\Gamma(n)} \int_0^\infty y^{n-1} (1+y)^{-(a+n)} dy \\
&\quad \left(t = (1+y)^{-1} \text{ とおくと } y = \frac{1-t}{t} \text{ となるので}\right) \\
&= \frac{1}{\Gamma(n)} \int_1^0 (1-t)^{n-1} t^{a+n-(n-1)} \left(-\frac{1}{t^2}\right) dt
\end{aligned}
$$

$$= \frac{1}{\Gamma(n)} \underline{\int_0^1 (1-t)^{n-1} t^{a-1} dt}$$

$$= \frac{1}{\Gamma(n)} \underline{\frac{\Gamma(n)\Gamma(a)}{\Gamma(a+n)}} \text{ (ベータ分布の正規化定数の計算)} \tag{9.57}$$

となります. □

式 (9.53) に戻ると, 式 (9.54) を用いて,

$$P(d\boldsymbol{x}_{1:n}|\alpha) = \frac{\Gamma(\alpha(\mathcal{X}))}{\Gamma(\alpha(\mathcal{X})+n)} \prod_{i=1}^{n} \left(\alpha + \sum_{j=1}^{i-1} \delta_{x_j}\right)(dx_i)$$

$$= \prod_{i=1}^{n} \frac{\left(\alpha + \sum_{j=1}^{i-1} \delta_{x_j}\right)(dx_i)}{\alpha(\mathcal{X}) + i - 1} \tag{9.58}$$

となります. ここで, $\frac{(\alpha+\sum_{j=1}^{i-1}\delta_{x_j})(dx_i)}{\alpha(\mathcal{X})+i-1}$ は, $\mathcal{X}$ 上の確率測度になっています. さて, $(\alpha + \delta_{x_j})(dx_i)$ という測度を理解するのは少し大変です.

まず理解を助けるために, ある関数 $f(x)$ に対するデルタ測度 $\delta_{x_j}(dx)$ による積分

$$\int_{\mathcal{X}} f(x) \delta_{x_j}(dx) = f(x_j) \tag{9.59}$$

を考えます. この積分からもわかるとおりデルタ測度 $\delta_{x_j}(dx)$ では $x = x_j$ の場合のみ 1 をとります. 逆に, α は測度なので特定の値をとる場合には $\alpha(x_j) = 0$ となります. すなわち,

$$\int f(x)(\alpha + \delta_{x_j})(dx) = f(x_j) + \int_{\mathcal{X}\setminus\{x_j\}} f(x)\alpha(dx) \tag{9.60}$$

となります. つまり, この積分は, 特定の値 x_j をとる場合とそうでない場合に分けて計算していることになります. これらの議論を踏まえると, x_i として, $\boldsymbol{x}_{1:i-1}$ にある値と同じ値をとる確率は $\frac{\sum_{j=1}^{i-1}\delta_{x_j}(dx_i)}{\alpha(\mathcal{X})+i-1}$ であり [*3], その他の値を新たにとる確率は $\frac{\alpha(dx_i)}{\alpha(\mathcal{X})+i-1}$ であることがわかります. したがって,

---

[*3] 特定の値 x_j をとる場合, $\alpha(x_j) = 0$ となるため α の部分は含まれない.

$x_i \in \{x^{(k)}\}_{k=1}^{K^+}$ のとき，$n_k = |\{i | x_i = x^{(k)}\}|$ とすれば，

$$P(d\boldsymbol{x}_{1:n}|\alpha) = \frac{\Gamma(\alpha(\mathcal{X}))}{\Gamma(\alpha(\mathcal{X})+n)} \prod_{k=1}^{K^+} [(n_k-1)!\alpha(dx^{(k)})] \tag{9.61}$$

となります．さらに，確率測度 $H_0 (H_0(\mathcal{X})=1)$ を用いて，$\alpha = \alpha_0 H_0$ とすれば，

$$P(d\boldsymbol{x}_{1:n}|\alpha) = \frac{\Gamma(\alpha_0)}{\Gamma(\alpha_0+n)} \alpha_0^{K^+} \prod_{k=1}^{K^+} [(n_k-1)!H_0(dx^{(k)})] \tag{9.62}$$

となり，これはまさに，式 (5.36)（p.79 参照）と同様の式になっています[*4]．この場合，H_0 は**基底測度** (base measure) と呼ばれています．

この関係から，正規化ガンマ過程を用いることでディリクレ過程を構成できることが推測できます．次節では，正規化ガンマ過程とディリクレ過程の関係を説明します．

9.8 ディリクレ過程

本節では，ディリクレ過程の定義および，その構成方法としての正規化ガンマ過程との関係について説明します．

ポアソン過程やガンマ過程は，可測空間 $(\mathcal{X}, \mathcal{S})$ において，任意の可測集合 $A \subset \mathcal{X}$ に対するランダム測度がそれぞれポアソン分布やガンマ分布に従うという定義になっていました．ディリクレ過程も同様に，可測空間上の可測集合に関する定義になっています．ただし，ポアソン分布やガンマ分布は，一変数の確率分布なので，任意の可測集合 A に対する定義になっていますが，ディリクレ分布は，多変数の確率分布なので，任意の可測集合 A に対して値を決めるだけでは定義することができません．代わりに，**任意の** K **について** $\mathcal{X}$ **の任意の互いに共通部分をもたない分割** $(A_1, A_2, \ldots, A_K)$ **に対する**ランダム測度として定義されます．

[*4] 式 (5.36) は確率密度関数で書かれているのに対し，式 (9.62) は確率測度の表記で書かれていることに注意してください．

> **定義 9.7（ディリクレ過程・ディリクレランダム測度）**
>
> $\alpha_0 > 0$ を定数，H_0 を可測空間 $(\mathcal{X}, \mathcal{S})$ 上の確率測度とする．$(\mathcal{X}, \mathcal{S})$ 上のランダム測度 G が，任意の K について $\mathcal{X}$ の任意の互いに共通部分をもたない分割 $(A_1, A_2, \ldots, A_K)$，$\cup_{k=1}^{K} A_k = \mathcal{X}$，$A_i \cap A_j = \emptyset$ に対して
>
> $$(G(A_1), G(A_2), \ldots, G(A_K))$$
> $$\sim \mathrm{Dir}\left(\alpha_0 H_0(A_1), \alpha_0 H_0(A_2), \ldots, \alpha_0 H_0(A_K)\right) \quad (9.63)$$
>
> を満たすとき，G は**ディリクレ過程** (Dirichlet process) に従うといい，
>
> $$G \sim \mathrm{Dir}(\alpha_0, H_0) \quad (9.64)$$
>
> と書くことにする．
>
> また，G を**ディリクレランダム測度** (Dirichlet random measure) と呼ぶ．

図 9.5 にディリクレランダム測度の直感的な説明を示します．

点過程は，「点」と「棒」に関する統計モデルであるという説明をしましたが，ポアソン過程やガンマ過程は，ある領域の点を集めるとその棒の長さの和がそれぞれポアソン分布やガンマ分布に従うモデルになっていました．ディリクレ過程では，互いに共通部分を持たないように分割した領域の点の

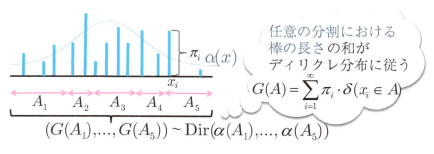

図 9.5 ディリクレランダム測度の説明．

棒の長さの和が，ディリクレ分布に従うモデルになっています．

それでは，このようなディリクレ過程を構成する方法として，前節で説明した正規化ガンマ過程がディリクレ過程の定義を満たしていることを説明します．まず準備として，正規化ガンマ分布とディリクレ分布の関係を説明します．

> **定理 9.8**（ガンマ分布の正規化によるディリクレ分布の構成）
>
> 独立にガンマ分布に従う $z_k \sim \mathrm{Ga}(\alpha_k, 1)$ $(k = 1, \ldots, K)$ とその和 $Z = z_1 + z_2 + \ldots + z_K$ を用いて正規化した確率ベクトルは，Z と独立に $(\alpha_1, \alpha_2, \ldots, \alpha_K)$ をパラメータとするディリクレ分布に従う．すなわち，
> $$\left(\frac{z_1}{Z}, \frac{z_2}{Z}, \ldots, \frac{z_K}{Z}\right) \sim \mathrm{Dir}(\alpha_1, \alpha_2, \ldots, \alpha_K) \quad (9.65)$$
> となる．

証明．

まず，確率密度関数の変数変換について復習します．

> x を確率密度関数 $f(x)$ の確率変数とします．$y = \Phi(x)$ となる Φ が全単射で微分可能であるならば，y の確率密度関数は
> $$g(y_1, \ldots, y_n) = f(x_1, \ldots, x_n) \left| \frac{\partial(x_1, \ldots, x_n)}{\partial(y_1, \ldots, y_n)} \right| \quad (9.66)$$
> となります．ここで，
> $$\left| \frac{\partial(x_1, \ldots, x_n)}{\partial(y_1, \ldots, y_n)} \right| = \begin{vmatrix} \frac{\partial x_1}{\partial y_1} & \frac{\partial x_1}{\partial y_2} & \cdots & \frac{\partial x_1}{\partial y_n} \\ \frac{\partial x_2}{\partial y_1} & \frac{\partial x_2}{\partial y_2} & \cdots & \frac{\partial x_2}{\partial y_n} \\ \cdots & \cdots & \cdots & \cdots \\ \frac{\partial x_n}{\partial y_1} & \frac{\partial x_n}{\partial y_2} & \cdots & \frac{\partial x_n}{\partial y_n} \end{vmatrix} \quad (9.67)$$
> です．

$f(z_1, \ldots, z_{K-1}|Z)$ を，$(z_1, z_2, \ldots, z_{K-1})$ の条件付き確率密度関数としま

す．また，条件付きではなく，$f(z_1,\ldots,z_{K-1},Z)$ のとき，$Z = \sum_{k=1}^{K} z_k$ より，$f(z_1,\ldots,z_{K-1},Z) = f(z_1,\ldots,z_{K-1},z_K)$ となり，各々独立に $z_k \sim \text{Ga}(\alpha_k, 1)$ なので，$f(z_1,\ldots,z_{K-1},z_K) = \prod_{k=1}^{K} f(z_k) = \prod_{k=1}^{K} \text{Ga}(z_k|\alpha_k, 1)$ であることに注意してください．$h(Z)$ を Z の確率密度関数とします．すなわち，$Z \sim \text{Ga}(\sum_{k=1}^{K} \alpha_k, 1)$ なので，$h(Z) = \text{Ga}(Z|\sum_{k=1}^{K} \alpha_k, 1)$ となります．

ここで，$\sum_{k=1}^{K} \pi_k = 1 \ (\forall \pi_k > 0)$ となる π_k を用いて，$z_k = Z\pi_k$ とすると

$$\left| \frac{\partial(z_1,\ldots,z_{K-1})}{\partial(\pi_1,\ldots,\pi_{K-1})} \right| = Z^{K-1} \tag{9.68}$$

となります．$\sum_{k=1}^{K} \pi_k = 1$ より $\pi_K = 1 - \sum_{k=1}^{K-1} \pi_k$ から，$\boldsymbol{\pi} = (\pi_1, \pi_2, \ldots, \pi_K)$ は，実質 $\pi_1,\ldots,\pi_{K-1}$ までを考えれば十分となります．

したがって，$(\pi_1, \pi_2, \ldots, \pi_{K-1})$ の条件付き確率密度関数は

$$\begin{aligned}
g(\pi_1,\ldots,\pi_{K-1}|Z) &= f(z_1,\ldots,z_{K-1}|Z) \left| \frac{\partial(z_1,\ldots,z_{K-1})}{\partial(\pi_1,\ldots,\pi_{K-1})} \right| \\
&= f(z_1,\ldots,z_{K-1}|Z) Z^{K-1} \\
&= \frac{f(z_1,\ldots,z_{K-1},Z)}{h(Z)} Z^{K-1} \\
&= \frac{f(z_1,\ldots,z_{K-1},z_K)}{h(Z)} Z^{K-1} \\
&= \frac{\prod_{k=1}^{K} z_k^{\alpha_k-1} \exp(-z_k)/\Gamma(\alpha_k)}{Z^{\sum_{k=1}^{K} \alpha_k - 1} \exp(-Z)/\Gamma(\sum_{k=1}^{K} \alpha_k)} Z^{K-1} \\
&= \frac{\prod_{k=1}^{K} z_k^{\alpha_k-1} \exp(-z_k)/\Gamma(\alpha_k)}{Z^{\sum_{k=1}^{K} \alpha_k - 1} \exp(-Z)/\Gamma(\sum_{k=1}^{K} \alpha_k)} Z^{K-1} \\
&= \frac{\prod_{k=1}^{K} z_k^{\alpha_k-1} \exp(-z_k)/\Gamma(\alpha_k)}{Z^{\sum_{k=1}^{K} \alpha_k - K} \exp(-Z)/\Gamma(\sum_{k=1}^{K} \alpha_k)} \\
&= \frac{\Gamma(\sum_{k=1}^{K} \alpha_k)}{\prod_{k=1}^{K} \Gamma(\alpha_k)} \frac{\prod_{k=1}^{K} z_k^{\alpha_k-1}}{Z^{\sum_{k=1}^{K} \alpha_k - K}} \\
&= \frac{\Gamma(\sum_{k=1}^{K} \alpha_k)}{\prod_{k=1}^{K} \Gamma(\alpha_k)} \prod_{k=1}^{K} \left(\frac{z_k}{Z} \right)^{\alpha_k-1}
\end{aligned}$$

$$= \frac{\Gamma(\sum_{k=1}^{K} \alpha_k)}{\prod_{k=1}^{K} \Gamma(\alpha_k)} \prod_{k=1}^{K} \pi_k^{\alpha_k - 1} = \mathrm{Dir}(\boldsymbol{\pi}|\boldsymbol{\alpha}) \quad (9.69)$$

となります.したがって,$\boldsymbol{\pi}$ は Z とは独立にディリクレ分布に従います. □

> **定理 9.9 (正規化ガンマ過程によるディリクレ過程の構成定理)**
> ディリクレ過程は,正規化ガンマ過程によって構成可能である.

証明.
γ を $\mathcal{X}$ 上のガンマランダム測度

$$\gamma \sim \Gamma\mathrm{P}(\alpha) \quad (9.70)$$

とします.
ガンマ過程の定義から,任意の集合 $A \subset \mathcal{X}$ に対して

$$\gamma(A) \sim \mathrm{Ga}(\alpha(A), 1) \quad (9.71)$$

となるので,$\mathcal{X}$ の任意の分割 $B_1, \ldots, B_K \in \mathcal{X}$ に対して,

$$(G(B_1), \ldots, G(B_K)) = \left(\frac{\gamma(B_1)}{\sum_{k'=1}^{K} \gamma(B_{k'})}, \ldots, \frac{\gamma(B_K)}{\sum_{k'=1}^{K} \gamma(B_{k'})} \right) \quad (9.72)$$

とすると,定理 9.8 より,

$$(G(B_1), \ldots, G(B_K)) \sim \mathrm{Dir}(\alpha(B_1), \ldots, \alpha(B_K)) \quad (9.73)$$

となります.したがって,γ を正規化した G はディリクレ過程の定義を満たします. □

定理 9.9 と 9.6 節で説明したガンマランダム測度の離散性よりディリクレランダム測度も確率 1 で離散的であることがわかります.また,ガンマランダム測度が,任意の可測集合 $A \subset \mathcal{X}$ に対して,$\gamma(A) = \sum_{i=1}^{\infty} w_i \delta(x_i \in A)$ と表せるとき,$\pi_i = w_i / \gamma(\mathcal{X})$ とすれば,ディリクレランダム測度を $G = \gamma / \gamma(\mathcal{X})$ と構成することで,

ディリクレランダム測度は，任意の可測集合 $A \subset \mathcal{X}$ に対して，

$$G(A) = \sum_{i=1}^{\infty} \pi_i \delta(x_i \in A) \tag{9.74}$$

と表現できることがわかります．さらに，任意の正の整数 K に対して互いに共通部分を持たない A_k $(k=1,2,\ldots,K)$ による $\mathcal{X}$ の分割に対して

$$G(\mathcal{X}) = G\left(\cup_{k=1}^{K} A_k\right) = \sum_{k=1}^{K} G(A_k) = 1 \tag{9.75}$$

となることから G は確率測度とみることができます．

9.9　完備ランダム測度

これまで説明してきたポアソンランダム測度やガンマランダム測度は，完備ランダム測度[25]という概念によって統一的に理解することができます．

$(\Omega, \mathcal{F}, P)$ を確率空間とします．また $(\mathcal{X}, \mathcal{S})$ を可測空間とします．$M: \Omega \times \mathcal{S} \mapsto [0, +\infty]$ をランダム測度とします．また，ある $w \in \Omega$ について，$M(w, A)$ を $M(A)$ と省略して書きます．

定義 9.10（完備ランダム測度）

任意の正の整数 K に対して，互いに共通部分をもたない任意の $\{A_1, A_2, \ldots, A_K\}$ $(A_k \subset \mathcal{X}, k=1,\ldots,K)$ において，$M(A_1), M(A_2), \ldots, M(A_K)$ が独立で，

$$M\left(\cup_{k=1}^{K} A_k\right) = \sum_{k=1}^{K} M(A_k) \tag{9.76}$$

のとき，M を**完備ランダム測度** (completely random measure) と呼ぶ．

完備ランダム測度のラプラス汎関数について，以下の定理が知られています[25]．

> **定理 9.11（完備ランダム測度のラプラス汎関数）**
>
> $\nu: [0, +\infty] \times \mathcal{S} \mapsto [0, +\infty]$ を非負値可測関数とする．完備ランダム測度 M のラプラス汎関数は，ν によって
>
> $$\mathbb{E}[e^{-Mf}] = \exp\left(-\int_{[0,+\infty]\times\mathcal{X}}(1-\exp(-sf(x)))\nu(ds,dx)\right) \tag{9.77}$$
>
> と表現できる．このとき，ν は**レヴィ測度** (Lévy measure) と呼ばれる．

レヴィ測度 ν に特定の測度を定義することによって，さまざまなランダム測度を定義することができます．

例えば，

$$\nu(ds, dx) = \underwave{s^{-1}\exp(-\alpha_0 s)ds} \cdot \underline{\underline{\alpha_0 H(dx)}} \tag{9.78}$$

とすると，M はガンマ過程を構成するガンマランダム測度になります．また，

$$\nu(ds, dx) = \underwave{s^{-1}(1-s)^{\alpha_0-1}ds} \cdot \underline{\underline{\alpha_0 H(dx)}} \tag{9.79}$$

とすると，M はベータ過程を構成するベータランダム測度になります．図 **9.6** にベータランダム測度の直感的な説明を示します．

ここで，上記の波線部分と二重線部分に着目してみましょう．波線部分の s は点過程における"棒"の生成ルール，二重線部分は点の生成ルールに対応しています．

ポアソン過程では，"棒"の長さは 1 に固定していました．したがって，"棒"の生成ルールは考える必要はなく $s = 1$ と固定すればよいので，そのように式 (9.77) を眺めると，$\nu(ds, dx) = 1 \cdot \alpha_0 H(dx)$ を強度関数とするポアソンランダム測度のラプラス汎関数になっていることがわかります．

そもそも式 (9.77) は，$[0, +\infty] \times \mathcal{X}$ を一つの空間だと思えば，$[0, +\infty] \times \mathcal{X}$ 上でのポアソンランダム測度のラプラス汎関数に近い形をしています．実際，次のような定理が知られています [25]．

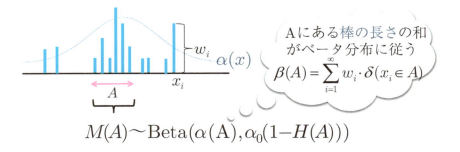

図 9.6 ベータランダム測度の説明.

定理 9.12（完備ランダム測度のレヴィ–伊藤分解）

完備ランダム測度 M に対して,
$$M(A) = \int_{[0,+\infty]\times A} sN(ds,dx) \quad (A \in \mathcal{S}) \tag{9.80}$$
となる $[0,+\infty]\times\mathcal{X}$ 上のポアソンランダム測度 $N \sim \mathrm{PP}(\nu)$ が存在する.

完備ランダム測度のレヴィ–伊藤分解において, $N(ds,dx)$ はポアソンランダム測度なので,
$$N(ds,dx) = \sum_{i=1}^{\infty} \delta(s_i \in ds, x_i \in dx) \tag{9.81}$$
と表せます. したがって, レヴィ–伊藤分解により, $A \in \mathcal{S}$ に対して
$$\begin{aligned} M(A) &= \int_{[0,+\infty]\times A} s\sum_{i=1}^{\infty} \delta(s_i \in ds, x_i \in dx) \\ &= \sum_{i=1}^{\infty} \int_{[0,+\infty]\times A} s\delta(s_i \in ds, x_i \in dx) \end{aligned} \tag{9.82}$$
となります.

ここで，レヴィ測度 $\nu(ds, dx)$ がガンマランダム測度やベータランダム測度のように，$\nu(ds, dx) = \nu(ds) \cdot \nu(dx)$ のように ds と dx 部分が独立に分解できるとします．すると，$\nu(ds, dx)$ を強度関数とするポアソン過程は，$\nu(ds)$ と $\nu(dx)$ を強度関数とする独立なポアソン過程になるので，

$$\begin{aligned} M(A) &= \sum_{i=1}^{\infty} \int_{[0,+\infty]} \int_A s\delta(s_i \in ds)\delta(x_i \in dx) \\ &= \sum_{i=1}^{\infty} \int_{[0,+\infty]} s\delta(s_i \in ds) \int_A \delta(x_i \in dx) \\ &= \sum_{i=1}^{\infty} s_i \delta(x_i \in A) \end{aligned} \tag{9.83}$$

となり，$M(A)$ は点 x_i と棒 s_i によって表現することができるので，M が点過程に従うことがわかりました．

また，ポアソン過程さえ構成できれば，レヴィ測度を強度関数とするポアソン過程によって，対応するランダム測度を構成できることもわかります．すなわち，$\nu(ds, dx)$ を強度関数とするポアソン過程によって，$\{(x_i, s_i)\}_{i=1}^{\infty}$ を生成し，任意の $A \in \mathcal{S}$ に対して $M(A) = \sum_{i=1}^{\infty} s_i \delta(x_i \in A)$ と構成すれば，ν に対応したランダム測度 M が構成可能です．

本書の最後に点過程における各種確率過程の関係について図 **9.7** にまとめておきます．

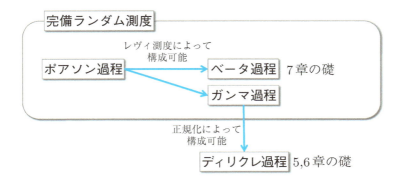

図 9.7 点過程のまとめ．

Bibliography

参考文献

[1] T. Ferguson. A Bayesian analysis of some nonparametric problems. *The Annals of Statistics*, 1:209–230, 1973.

[2] S. Kullback. *Information Theory and Statistics*. Dover Publications, 1968.

[3] C. Antoniak. Mixtures of Dirichlet processes with applications to Bayesian nonparametric problems. *The Annals of Statistics*, 2:1152–1174, 1974.

[4] 石井 健一郎, 上田 修功. 続・わかりやすいパターン認識. オーム社, 2014.

[5] D. Aldous. Exchangeability and related topics. In *École d' été de Probabilité de Saint-Flour XIII*, 1983.

[6] M. West. Hyperparameter estimation in Dirichlet process mixture models. Technical report, Institute of statistics and decision sciences, Duke University, 1992.

[7] P. Fearnhead. Particle filters for mixture models with an unknown number of components. In *Statistics and Computing*, 14:11–21. 2004.

[8] Y. Ulker, B. Gunsel, and A. T. Cemgil. In *Proceedings of the 13th International Conference on Artificial Intelligence and Statistics (AISTATS)*, 876–883, 2010.

[9] J. Sethuraman. A constructive definition of Dirichlet priors. *Statistica Sinica*, 4:639–650, 1994.

[10] H. Ishwaran and L. F. James. Gibbs sampling methods for stick-breaking priors. *Journal of the American Statistical Association*, 96:161–173, 2001.

[11] I. R. Porteous, A. Ihter, P. Smyth, and M. Welling. Gibbs sampling for (coupled) infinite mixture models in the stick breaking representation. In *UAI*, 2006.

[12] R. Neal. Slice sampling. *The Annals of Statistics*, 31:705–767, 2003.

[13] S. G. Walker. Sampling the Dirichlet mixture model with slices. *Communications in Statistics*, 36:45–54, 2007.

[14] D. M. Blei and M. I. Jordan. Variational methods for the Dirichlet process. In *ICML*, 2004.

[15] D. M. Blei and M. I. Jordan. Variational Inference for Dirichlet process mixtures. *Bayesian Analysis*, 1:121–144, 2006.

[16] S. Yu, K. Yu, V. Tresp, and H.-P. Kriegel. Variational Bayesian Dirichlet-multinomial allocation for exponential family nixtures. In *Proceedings of the 17th European Conference on Machine Learning, volume 4212 of Lecture Notes in Computer Science*, 841–848, 2006.

[17] Y. W. Teh, M. I. Jordan, M. J. Beal, and D. M. Blei. Hierarchical Dirichlet processes. *Journal of the American Statistical Association*, 101:1566–1581, 2006.

[18] 岩田 具治. トピックモデル. 講談社, 2015.

[19] 井手 剛, 杉山 将. 異常検知と変化検知. 講談社, 2015.

[20] H. Kozumi and H. Hasegawa. A Bayesian analysys of structual changes with an application to the displacement effect. In *The Manchester School Special Issue*, 476–490. 2000.

[21] T. L. Griffiths and Z. Ghahramani. Infinite latent feature models and the Indian buffet process. Technical report, Gatsby Computational Neuroscience Unit, University College London, 2005.

[22] 佐藤 坦. はじめての確率論 測度から確率へ. 共立出版, 2004.

[23] M. Capinski and P. E. Kopp. *Measure, integral and probability, springer undergraduate mathematics series*. Springer, 2004.

[24] E. Çinlar. *Probability and stochastics, graduate texts in mathematics*. Springer, 2011.

[25] J. F. C. Kingman. Completely random measures. In *Pacific Journal of Mathematics*, 21:59–78. 1967.

[26] A. Y. Lo. On a class of Bayesian nonparametric estimates: I. Density estimates. *The Annals of Statistics*, 12(1):351–357, 1984.

[27] A. Y. Lo and C.-S. Weng. On a class of Bayesian nonparametric estimates: II. Hazard rate estimates. *Annals of the Institute of Statistical Mathematics*, 41:227–245, 1989.

[28] R. L. Wolpert and K. Ickstadt. Poisson/gamma random field models for spatial statistics. *Biometrika*, 85:251–267, 1998.

[29] J. F. C. Kingman. *Poisson processes, volume 3 of Oxford Studies in Probability*. Oxford University Press, 1993.

[30] L. F. James. Bayesian calculus for gamma processes with applications to semiparametric intensity models. *The Indian Journal of Statistics*, 65:179–206, 2003.

索 引

あ行

インド料理ビュッフェ過程 (Indian buffet process, IBP) —— 102
ウィシャート分布 (Wishart distribution) —— 8
$\mathcal{F}$−可測 ($\mathcal{F}$-measurable) —— 115
$\mathcal{F}$−可測関数 ($\mathcal{F}$-measurable function) —— 115
重み付きガンマ過程 (weighted gamma process) —— 136

か行

ガウス分布 (Gaussian distribution) —— 8
確率 (probability) —— 114
確率過程 (stochastic process) —— 129
確率空間 (probability space) —— 114
確率測度 (probability measure) —— 114
確率変数 (random variable) —— 116, 117
確率密度関数 (probability density function) —— 120
隠れ変数 (hidden variable) —— 41
可測 (measurable) 115, 117
可測関数 (measurable function) —— 117
可測関数 (measurable function) —— 115
可測空間 (measurable set) —— 113
可測集合 (measurable set) —— 113
加法過程 (additive process) —— 130
カルバック・ライブラー・ダイバージェンス (Kullback-Leibler divergence) —— 13
完備ランダム測度 (Completely random measure) —— 152
ガンマ過程 (gamma process) 135
ガンマ関数 (gamma function) —— 6
ガンマ分布 (gamma distribution) —— 7
ガンマランダム測度 (gamma random measure) —— 135
基底測度 (base measure) —— 147
基底分布 (base distribution) —— 80
逆ガンマ分布 (inverse-gamma distribution) —— 7
強度関数 (intensity function) —— 130
共役事前分布 (conjugate prior distribution) —— 18
グラフィカルモデル (graphical model) —— 12
経験ベイズ法 (empirical Bayes method) —— 35
計数過程 (counting process) —— 128, 130

さ行

最尤推定 (maximum likelihood estimation) 15
σ-加法族 (σ-field) —— 113
σ-有限測度 (σ-finite measure) —— 113
事後確率最大推定 (maximum a posteriori estimation, MAP 推定) —— 16
事象 (event) —— 114
事象の族 (family of events) —— 114
集中度パラメータ (concentration parameter) —— 80
周辺化 (marginalization) 17
周辺尤度 (marginal likelihood) —— 17, 35
条件付き独立 (conditional independence) —— 19
スチューデント t 分布 (Student–t distribution) —— 9
正規化ガンマ過程 (normalized gamma process) —— 143
潜在特徴 (latent feature) —— 107
潜在変数 (latent variable) 41
測度 (measure) —— 113
測度空間 (measure space) —— 113

た行

多項分布 (multinomial distribution) —— 5
単関数 (simple function) —— 118
単調収束定理 (monotone convergence theorem) —— 119
中華料理店過程 (Chinese Restaurant Process, CRP) —— 72
ディリクレ過程 (Dirichlet process) —— 77, 80, 148
ディリクレ過程混合モデル (Dirichlet process mixture model) —— 61
ディリクレ分布 (Dirichlet distribution) —— 7
ディリクレランダム測度 (Dirichlet random measure) —— 148
デルタ測度 (delta measure) —— 140
点過程 (point process) –127
点推定 (point estimation) —— 16

統計的学習 (statistical learning) ——— 12
統計的推定 (statistical estimation) ——— 12

な行

二項分布 (binomial distribution) ——— 4

は行

パス (path) ——— 129
汎化能力 (generalization ability) ——— 15
標本関数 (sampling function) ——— 129
標本空間 (sample space) 114
分布 (distribution) ——— 120
ベイズの定理 (Bayes theorem) ——— 19
ベイズ予測分布 (Bayesian predictive distribution) ——— 23

ベータ過程 (beta process) ——— 106
ベータ分布 (beta distribution) ——— 6
ベルヌーイ分布 (Bernoulli distribution) ——— 4
ポアソン過程 (Poisson process) ——— 130, 132
ポアソン分布 (Poisson distribution) ——— 4
ポアソンランダム測度 (Poisson random measure) ——— 132
棒折り過程 (stick-breaking process, SBP) ——— 83
ボレル集合 (Borel set) ——— 116
ボレル集合族 (Borel family) ——— 116

ま行

マーク付き点過程 (marked point process) ——— 129

マルコフ連鎖モンテカルロ法 (Markov chain Monte Carlo method) ——— 18
見本関数 (sample function) ——— 129
無限混合モデル (infinite mixture model) ——— 61
無限潜在特徴モデル (infinite latent feature model) ——— 107

や行

有限測度 (finite measure) ——— 113

ら行

ラプラス汎関数 (Laplace functional) ——— 125
ランダム測度 (random measure) ——— 123
レヴィ測度 (Lévy measure) ——— 153

著者紹介

佐藤一誠　博士（情報理工学）
　2011年　東京大学大学院情報理工学系研究科数理情報学専攻
　　　　　博士課程修了
　現　在　東京大学大学院情報理工学系研究科コンピュータ科学専攻
　　　　　教授
　著　書　『トピックモデルによる統計的潜在意味解析』コロナ社
　　　　　（2015）

NDC007　170p　21cm

機械学習プロフェッショナルシリーズ
ノンパラメトリックベイズ
点過程と統計的機械学習の数理

2016年4月19日　第1刷発行
2025年3月6日　第6刷発行

著　者　佐藤一誠
発行者　篠木和久
発行所　株式会社　講談社　　KODANSHA
　　　　〒112-8001　東京都文京区音羽2-12-21
　　　　販売　(03)5395-5817
　　　　業務　(03)5395-3615
編　集　株式会社　講談社サイエンティフィク
　　　　代表　堀越俊一
　　　　〒162-0825　東京都新宿区神楽坂2-14　ノービィビル
　　　　編集　(03)3235-3701
本文データ制作　藤原印刷株式会社
印刷・製本　株式会社ＫＰＳプロダクツ

落丁本・乱丁本は、購入書店名を明記のうえ、講談社業務宛にお送りください。送料小社負担にてお取替えします。なお、この本の内容についてのお問い合わせは、講談社サイエンティフィク宛にお願いいたします。定価はカバーに表示してあります。

Ⓒ Issei Sato, 2016

本書のコピー、スキャン、デジタル化等の無断複製は著作権法上での例外を除き禁じられています。本書を代行業者等の第三者に依頼してスキャンやデジタル化することはたとえ個人や家庭内の利用でも著作権法違反です。

Printed in Japan

ISBN 978-4-06-152915-1

講談社の自然科学書

機械学習のための確率と統計	杉山 将／著	定価2,640円
深層学習　改訂第2版	岡谷貴之／著	定価3,300円
オンライン機械学習	海野裕也・岡野原大輔・得居誠也・徳永拓之／著	定価3,080円
トピックモデル	岩田具治／著	定価3,080円
統計的学習理論	金森敬文／著	定価3,080円
サポートベクトルマシン	竹内一郎・烏山昌幸／著	定価3,080円
確率的最適化	鈴木大慈／著	定価3,080円
異常検知と変化検知	井手 剛・杉山 将／著	定価3,080円
劣モジュラ最適化と機械学習	河原吉伸・永野清仁／著	定価3,080円
スパース性に基づく機械学習	冨岡亮太／著	定価3,080円
生命情報処理における機械学習	瀬々 潤・浜田道昭／著	定価3,080円
ヒューマンコンピュテーションとクラウドソーシング	鹿島久嗣・小山 聡・馬場雪乃／著	定価2,640円
変分ベイズ学習	中島伸一／著	定価3,080円
ノンパラメトリックベイズ	佐藤一誠／著	定価3,080円
グラフィカルモデル	渡辺有祐／著	定価3,080円
バンディット問題の理論とアルゴリズム	本多淳也・中村篤祥／著	定価3,080円
ウェブデータの機械学習	ダヌシカ ボレガラ・岡﨑直観・前原貴憲／著	定価3,080円
データ解析におけるプライバシー保護	佐久間淳／著	定価3,300円
機械学習のための連続最適化	金森敬文・鈴木大慈・竹内一郎・佐藤一誠／著	定価3,520円
関係データ学習	石黒勝彦・林 浩平／著	定価3,080円
オンライン予測	畑埜晃平・瀧本英二／著	定価3,080円
画像認識	原田達也／著	定価3,300円
深層学習による自然言語処理	坪井祐太・海野裕也・鈴木 潤／著	定価3,300円
統計的因果探索	清水昌平／著	定価3,080円
音声認識	篠田浩一／著	定価3,080円
ガウス過程と機械学習	持橋大地・大羽成征／著	定価3,300円
強化学習	森村哲郎／著	定価3,300円
ベイズ深層学習	須山敦志／著	定価3,300円
機械学習工学	石川冬樹・丸山宏／編著	定価3,300円
最適輸送の理論とアルゴリズム	佐藤竜馬／著	定価3,300円
転移学習	松井孝太・熊谷亘／著	定価3,740円
グラフニューラルネットワーク	佐藤竜馬／著	定価3,300円

※表示価格には消費税（10%）が加算されています。　　「2025年3月現在」

講談社サイエンティフィク　https://www.kspub.co.jp/